复合材料超声振动辅助钻削加工技术

Ultrasonic Vibration Assisted Drilling Technology for Composite Materials

张 臣 编著

科学出版社

北 京

内 容 简 介

复合材料是航空航天、交通运输、能源等诸多领域的关键材料,其应用范围在不断扩大。本书主要介绍了复合材料超声振动辅助钻削加工技术,内容包括超声振动辅助加工的基本原理、超声振动辅助钻削加工装置的设计、复合材料的切削加工机理、复合材料超声振动辅助钻削加工工艺、复合材料超声振动辅助钻削仿真,并结合超声振动辅助钻削加工装置设计实例、复合材料超声振动辅助钻削有限元仿真实例对如何应用复合材料超声振动辅助加工技术进行了介绍。本书从复合材料实际工程应用角度出发进行超声振动辅助加工原理和方法的阐述,力求由浅入深。

本书既可以作为飞行器制造工程、机械工程专业本科生的教材,也可以作为工程技术人员的参考书。

图书在版编目(CIP)数据

复合材料超声振动辅助钻削加工技术/张臣编著. —北京:科学出版社,
2023.7
　ISBN 978-7-03-076034-0

　Ⅰ. ①复… Ⅱ. ①张… Ⅲ. ①复合材料–加工 Ⅳ. ①OTB33

中国国家版本馆 CIP 数据核字(2023) 第 137642 号

责任编辑:李涪汁 曾佳佳 / 责任校对:郝璐璐
责任印制:吴兆东 / 封面设计:许 瑞

科 学 出 版 社 出版
北京东黄城根北街 16 号
邮政编码:100717
http://www.sciencep.com

北京中石油彩色印刷有限责任公司印刷
科学出版社发行 各地新华书店经销
*
2023 年 7 月第 一 版　开本:787×1092 1/16
2025 年 2 月第三次印刷　印张:9 1/2
字数:225 000
定价:79.00 元
(如有印装质量问题,我社负责调换)

前　言

复合材料具有比强度高、比模量高、耐热性能优良、抗疲劳性能好、可设计性强等优点，在航空航天制造领域应用得越来越广泛，复合材料的用量已成为衡量航空航天结构先进性的标志之一。超声振动辅助加工技术有助于改善复合材料等难加工材料的切削加工性能，了解和掌握复合材料超声振动辅助加工技术的原理与应用，对进行复合材料切削加工的研究具有重要意义。航空航天制造领域应用了大量的复合材料，虽有不少文献对如何实现超声振动辅助其高效精密钻削加工进行了研究报道，但碎片化的知识难以满足实际教学科研和工业生产的需要。

本书对复合材料超声振动辅助钻削加工技术进行了阐述，核心内容包括超声振动辅助加工的基本原理、超声振动辅助钻削加工装置的设计、复合材料的切削加工机理、复合材料超声振动辅助钻削加工工艺、复合材料超声振动辅助钻削仿真，以及超声振动辅助钻削加工装置设计实例与复合材料超声振动辅助钻削有限元仿真实例。全书共分为 6 章，第 1章给出复合材料与超声振动辅助加工的基本概念；第 2 章给出超声振动辅助加工的基本原理；第 3 章讲述超声振动辅助钻削加工装置的设计方法，给出超声纵向振动辅助钻削加工装置和超声变维振动辅助钻削加工装置的设计过程；第 4 章给出各类复合材料的切削加工机理，讲述了聚合物基复合材料、金属基复合材料、陶瓷基复合材料和碳/碳复合材料的切削加工及特点；第 5 章讲述复合材料超声振动辅助钻削加工工艺；第 6 章讲述复合材料超声振动辅助钻削仿真的基本原理和应用实例。

在本书编写过程中，作者引用了多年教学使用的相关资料与相关科研成果，并拟定了本书的内容和章节安排。在编写和修改过程中，专业相关课程教师对本书提出了宝贵建议。研究生卢明、王晓雪、王生才、甘晓明、于福航、朱钦松、胡鑫、刘东奇、张文龙、刘丞让、舒泽亮、董长林对全书的内容、课后思考和插图进行了辅助工作。

由于作者的水平有限，书中难免有疏漏和不足之处，敬请广大读者不吝指正。

作　者
2022 年 8 月

目　　录

第 1 章 绪 论

1.1 复合材料的定义与分类

随着材料科学的发展，各种性能优良的新材料不断涌现，并广泛应用于各个领域。同时，科技的发展对材料性能提出了更高的要求。为满足性能要求，可以对原有材料进行改性或加入新的材料进行复合，通过复合制备得到新的高性能材料，即复合材料。

复合材料（composite material, CM）是由两种及以上具有不同性质的材料，通过一定的复合工艺手段组合而成的具有新性能的多相固体材料，其具有原组成材料所不具备的、能满足实际需要的特殊功能和综合性能，是组分间互不相容的结构化材料，其中一项组分称为基体相，嵌入基体相的组分称为增强相。基体相通常是连续的，增强相的形式有多种，如纤维、颗粒与薄片等，分散在基体相中。复合材料的各个组成部分在性能上起协同作用，其优越的综合性能是单一材料无法比拟的。自然界中存在许多天然的复合材料，如树木、竹子、动物骨骼等，树木和竹子是纤维素和木质素的复合体，动物骨骼由无机磷酸盐和胶原蛋白复合而成，这些复合结构很合理地将增强相的强和基体相的韧有机组合在一起。

复合材料的组成模式主要分为宏观复合和细观复合两种。宏观复合主要是指两层以上不同材料之间的叠合或层合，这种叠合实际上是一种复合结构，如钛合金薄板和碳纤维复合材料薄板的叠合。细观复合是指一种或几种制成细微形状的材料均匀分散于另一种连续材料中，前者称为分散相，后者称为连续相，这种组成模式可以通过原材料的选择、各组成材料分布的设计和工艺条件的设计等，使复合材料既能保留原组成材料的主要特色，又能通过复合效应获得原组成材料所不具备的性能 [1]。

复合材料一般由基体、增强体以及二者之间的界面组成，其性能取决于增强相与基体相的比例及三个组成部分的性能。由金属、高分子聚合物（树脂）和无机非金属（陶瓷）任意两类材料复合的复合材料，基体相是连续的物理相，起黏结作用；增强相为不连续的物理相，以独立的形式分散在连续的基体相中，即分散相，起提高复合材料强度和刚度的作用。现代增强材料也有连续的情况，如三维编织技术用于复合材料的增强材料。

依据金属材料、无机非金属材料和有机高分子材料等的不同组合，可以构成不同的复合材料，所以复合材料的分类方法也较多。复合材料为多组成相物质，其系统组成如表 1.1 所示。复合材料的分类可以按照增强相的几何形态进行分类，如颗粒增强复合材料、片体增强复合材料、纤维增强复合材料、晶须增强复合材料和层叠式复合材料，如图 1.1（a）所示；也可以根据基体相的种类进行分类，如聚合物基复合材料、金属基复合材料、陶瓷基复合材料、碳基复合材料和水泥基复合材料，如图 1.1（b）所示。

在复合材料的基体相和增强相间存在一个界面，界面对复合材料的性质起着非常重要的作用。在不同的基体材料中加入不同性能的增强相，可获得性能不同的复合材料。通常提高的性能主要分为两大类：①力学性能，如强度、弹性模量、韧性等；②物理性能，如电性能、磁性能、声性能等。增强相以纤维增强、颗粒增强、片体增强等几何形态与基体相结合在一起，从而改善或提高复合材料的性能，增强相与基体相复合的几何形态如图 1.2 所示。

表 1.1　复合材料的系统组成 [2]

增强相			基体相		
			金属材料	无机非金属材料	有机高分子材料
金属材料	金属纤维（丝）		纤维金属基复合材料	钢丝水泥基复合材料	金属丝增强橡胶
	金属晶须		晶须金属基复合材料	晶须陶瓷基复合材料	
	金属片体				金属/塑料板
无机非金属材料	陶瓷	纤维	纤维金属基复合材料	纤维陶瓷基复合材料	
		晶须	晶须金属基复合材料	晶须陶瓷基复合材料	
		颗粒	颗粒金属基复合材料		
	玻璃	纤维			纤维树脂基复合材料
		粒子			粒子填充塑料
	碳	纤维	碳纤维金属基复合材料	纤维陶瓷基复合材料	纤维树脂基复合材料
		颗粒			颗粒橡胶/颗粒树脂基复合材料
有机高分子材料	有机纤维				纤维树脂基复合材料

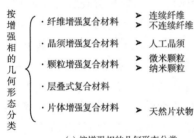
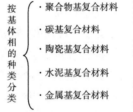

(a) 按增强相的几何形态分类　　　　　　　(b) 按基体相的种类分类

图 1.1　复合材料的分类

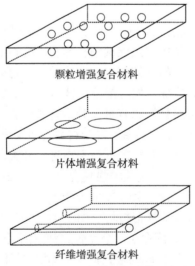

图 1.2　增强相与基体相复合的几何形态

作为增强相与基体相连接的"桥梁",复合材料的界面是指基体相与增强相之间化学成分有显著变化的、构成彼此结合的、能起载荷传递作用的微小区域,是复合材料极为重要的微观结构,对复合材料的物理、机械性能有至关重要的影响。复合材料的增强相、基体相和它们的界面都有各自独特的结构、性能与作用,增强相主要起承载作用,基体相主要起连接增强相和传载作用,界面是增强相和基体相连接的桥梁,同时也是应力的传递者。

在理想的复合材料中,界面应该具有的功能包括:①传递载荷。界面应该有足够的强度来传递载荷,调节复合材料中的应力分布。②缓解层作用。界面应能缓解界面热应力。③阻挡层作用。界面应能阻挡元素扩散和阻止发生有害的化学反应,减少纤维的化学损伤。④高温下抗氧化。界面能在纤维周围构成阻碍氧气接触纤维的一道屏障,有效地保护纤维。⑤松黏层作用。界面结合适中,既能够传递载荷,又能适时地脱黏(解离),使扩展到界面的基体裂纹沿解离的界面层发生偏转。复合材料的界面示意图如图 1.3 所示。

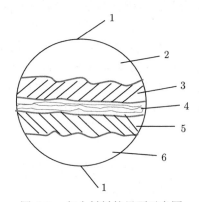

图 1.3　复合材料的界面示意图

1. 外力场；2. 基体；3. 基体表面区；4. 相互渗透区；5. 增强体表面区；6. 增强体

1.2　复合材料的性能特点

随着航空航天、汽车、船舶等工业的快速发展,传统的金属材料难以满足先进工业的发展需求,例如,人造卫星的支架材料要求能够在巨大的昼夜温差下保持性能稳定；又如,在民航市场,将传统金属材料替换为复合材料,依靠复合材料的高比强度、高比模量,可以实现客机的减重。与传统的金属材料相比,复合材料在结构应用中具有许多显著的优点,主要表现在如下几个方面。

（1）复合效应。复合材料由两种及以上的材料复合而成,克服了单一材料的缺点,具有高强度、高韧性、适中的弹性模量等,其结构可以根据需要进行设计,容易实现结构与功能的一体化设计。

（2）比强度和比模量高。复合材料的最大优点就是比强度和比模量高。比强度和比模量分别是指材料的拉伸强度、弹性模量与密度之比。材料的比强度越高,制作一个零件的质量就越小；材料的比模量越高,零件的刚性越大。复合材料的比强度与比模量远高于金属材料,比如,碳纤维增强树脂基复合材料的比强度是钢的 8 倍,比模量是钢的 4 倍。

（3）抗疲劳性能好。复合材料的抗疲劳性能比单一基体材料的好。疲劳破坏是指材料在交变载荷作用下，由裂纹的形成和扩展造成的材料破坏现象。金属材料的疲劳破坏通常是没有任何明显征兆的突发性破坏，复合材料中纤维与基体的界面能阻止裂纹的扩展，裂纹扩展是逐渐进行的，也就是说复合材料的破坏时间长，破坏前有明显的预兆，即可在纤维与基体的界面上观察到裂纹，因此，复合材料的疲劳破坏不像金属材料那么突然。

（4）耐热性能优良。耐热性能是指材料能在一定的温度范围内长期使用，而其力学性能保持不低于 80% 的性能。大多数纤维增强复合材料在高温下仍保持高的强度，如铝合金在 400℃ 时弹性模量已降至接近于 0，而碳纤维增强复合材料，在此温度下的强度和弹性模量基本未变。

（5）减振性能好。受力结构的自振频率除与结构本身形状有关外，还与材料的比模量的平方根成正比。复合材料的比模量高，故自振频率也高，可避免构件在工作状态下产生共振引起的早期破坏。同时，复合材料增强体与基体的界面有较好吸收振动能量的作用，增大了材料的振动阻力，所以复合材料具有很好的减振性能。

此外，先进复合材料还具有一些独特的属性，如纤维和树脂都保持各自独立的性能，纤维提供强度和刚度，而树脂保护脆性纤维并提供相邻纤维之间的负载转移。同时，设计自由度也赋予了复合材料的最大优势和独特性。因此，随着复合材料制造工艺的日益成熟，复合材料越来越多地取代传统的金属材料，复合化也成为新材料研发的重要方向，正向着按预定性能设计新材料的方向发展。

1.3　复合材料的应用领域

复合材料的使用历史可以追溯到古代，古代使用的用稻草或麦秸与黏土混合成的黏土，与现代已使用上百年的钢筋混凝土都是复合材料的一种，它们都由两种及以上的材料组合而成。而复合材料这一名称最早出现在 20 世纪 40 年代，从 20 世纪 50 年代开始，各国陆续研究出了高强度和高模量的纤维，如碳纤维、石墨纤维和硼纤维等。在 20 世纪 70 年代，又陆续出现了芳纶纤维和碳化硅纤维，这些不同基体构成的复合材料，共同组成了现在形形色色的复合材料家族。

现代高科技的发展已经越来越离不开复合材料了，在现代科学技术的发展当中，复合材料扮演着十分重要的角色。复合材料的研究深度、应用范围及生产发展的速度和规模，已成为衡量一个国家科学和技术先进水平的重要象征。复合材料作为结构材料是从航空工业开始的，20 世纪 60 年代，航空领域得到了飞速的发展，一些普通材料已经不能满足特殊结构对材料的要求。复合材料开始陆续应用在航空领域各个零部件的制造中，从应用于受力不大或不受力的零部件，如飞机的口盖、地板等，到应用于受力较大的零部件，如飞机的尾翼、机翼、发动机压气机或风扇叶片等，再到应用于受力较大且结构复杂的零部件，如机翼与机身的接合部、涡轮等。各国学者先后研制和生产出了以高性能纤维为增强体的复合材料，如碳纤维增强、硼纤维增强、芳纶纤维增强、碳化硅纤维增强等复合材料。

由于复合材料具有比强度高、比模量高、抗疲劳性能好、耐热性能优良等优点，目前已广泛应用在航空航天、机械工业、交通行业、建筑等领域中，既可以作为结构材料承载负荷，又可以作为功能材料发挥相应作用。在航空航天领域，碳纤维增强树脂基复合材料、碳/碳复合材料、硼纤维增强铝基复合材料等常用于制造飞机、火箭、飞船等的零部件；在机械工业中，阀、泵、齿轮、叶片、轴承等也广泛采用碳/碳复合材料及酚醛树脂基复合材料进行制造[3]；在汽车工业及交通运输领域，从 20 世纪 70 年代开始，玻璃纤维增强聚合物（glass fiber reinforced polymer，GFRP）基复合材料代替了汽车的铸锌天窗盖等，使汽车减重很多，聚合物基复合材料可制造车身、驱动轴、操纵杆、转向盘、发动机外罩等部件，同时汽车外壳、高速列车外壳也在广泛采用聚合物基复合材料；此外，复合材料在纺织工业、化学工业、建筑等方面也有广泛的应用。

　　复合材料已发展成为继钢、铝合金、钛合金之后的第四大航空航天结构材料。在各类复合材料中，纤维增强树脂基复合材料应用最广、用量最大。现代一些高科技领域，如航天器、火箭导弹、原子能反应堆，采用的耐烧蚀材料，大多是由碳纤维增强碳、石墨纤维增强石墨制成的。为了提高飞机速度、延长航程和寿命，碳纤维增强聚合物（carbon fiber reinforced polymer，CFRP）基复合材料等高性能复合材料在飞机制造中的使用比例越来越高，复合材料取代金属和非金属等常规材料制造结构件已经成为世界飞机制造业的主流趋势。早在 20 世纪 70 年代，美国 F14 战斗机就开始使用 CFRP 基复合材料制作其主承力结构，此后，各类军机、民机也都开始大量使用复合材料，复合材料在 787 飞机上的应用如图 1.4 所示。

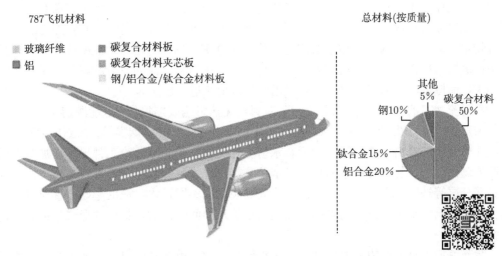

图 1.4　复合材料在 787 飞机上的应用（扫描二维码可见彩图）

　　纤维增强树脂基复合材料不适合在高温下工作，现已被金属基复合材料代替，如在人造卫星仪器支架、L 波段平面阵天线、望远镜及扇形反射面等方面，金属基复合材料是理想的选择。陶瓷基复合材料（ceramic matrix composite，CMC）是近些年兴起的一种热门材料，发展迅速，主要应用领域是高温结构，如涡轮发动机的热端部件（涡轮叶片、涡轮盘、燃烧室）、固体火箭发动机燃烧室等。碳/碳复合材料也是有应用前景的高温热结构材料，是固体火箭发动机喷管的首选材料。复合材料在各个领域的广泛应用，表明了复合材料的良好性能和优异特性,为其他工程结构的应用提供了借鉴。

1.4　复合材料的加工方法

复合材料成型后通常需要进行二次加工以获得所需的几何尺寸、形状精度和表面质量,复合材料的加工方法主要分为常规机械加工和特种加工。常规机械加工方法如钻削加工、铣削加工、车削加工等,仍然是复合材料加工的主要手段,在航空航天、汽车制造等领域获得了广泛的应用和研究,但在切削加工过程中存在刀具磨损过快、表面缺陷严重、废品率高等问题。为了解决复合材料在常规机械加工中存在的问题,常采用非机械加工法如高压水射流加工法、电火花加工法等,或机械加工与物理能场结合的方法如超声振动辅助加工、激光束加工等,对复合材料进行加工,即特种加工。

特种加工也称为"非传统加工",泛指用电能、热能、光能、电化学能、化学能、声能及特殊机械能等能量达到去除或增加材料的加工方法,从而实现材料被去除、变形、改变性能或被镀覆等目的。例如,通过引入超声场、温度场、等离子体等能场,利用超声波高应变率效应、激光热效应、等离子体低温脆性等改变热力条件、诱发材料表层微观组织和力学性能的改变,对复合材料的切削加工性能产生影响,从而获得期望的加工质量。

高压水射流加工法是一种冷加工方法,被认为是一种非常适合硬脆材料加工的工艺方法。其原理为,通过增压器将机械能变成水的压力能,再通过喷嘴小孔将水高速射出,形成高能射流,使水的压力能变成动能而完成材料切割。当水射流冲击被切割工件时,动能又重新变成作用于材料上的压力能。若压力能超过材料的破坏强度,即可切断材料。可以采用的水射流有纯水射流、聚合物水射流和磨料水射流。纯水射流可用于加工较软的材料;聚合物水射流是指向水中添加了低浓度高分子长链聚合物,可增加射流密度和射程,提高靶距;磨料水射流是指将磨料加入水中,可加工硬的材料。薄的复合材料可以采用纯水射流加工,而厚度较大的复合材料必须采用磨料水射流进行加工。

水射流加工的主要优点:冷态加工,对材料无热影响或热损伤;点能源切割,可切割任何复杂形状,且可以从任一点开始;湿法切割,无粉尘、火花、烟雾等;高聚能射流,可通过加入聚合物或磨料,增加射流强度。水射流加工的主要缺点:当工件厚度增加时易引起表面毛刺;此外,复合材料中的环氧等基体在加工过程中吸收水分会导致纤维拔出、内部脱黏、分层等缺陷。由于能量的扩散和层间断裂韧性不同,水射流的起始位置对表面损伤具有重要影响。从边缘开始切割的表面损伤小于从中间开始的,损伤的形式包括分层、开裂和崩边。

激光束加工是一种成熟的热加工工艺,已经成功应用在复合材料的加工中,其物理过程为传热,当激光打到工件上时,通过反射、吸收将高能激光束聚焦到刀具前方的待切削区域,使工件材料受热软化、材料强度降低,进而改善其切削性能。激光具有良好的可控性,可以实现对加热温度和区域的精确控制。激光辅助可使材料的屈服极限削弱到断裂韧度以下,从而提高切削刀具使用寿命、改变切屑形态、抑制表面裂纹产生和延展并优化表面完整性。激光束加工的特点是切缝小、速度快、能大量节省原材料和可以加工形状复杂的工件,同时激光束加工无须装夹加工工具,可实现非接触式加工,减少了因接触应力而对复合材料带来的损伤。

　　超声振动辅助加工是在常规机械加工中刀具与工件相对运动的基础上，对刀具或工件施加超声波振动，使刀具以超声频率（一般为 20~50kHz）沿切削方向振动辅助进行切削加工的一种方法。在一个振动周期中，刀具的有效切削时间很短，在大部分时间内刀具与工件完全分离，刀具与工件的断续接触使得切削热量大大减少，从而获得更好的加工性能；同时刀具与工件周期性分离的特性，使得冷却液可以进入核心切削区，同时降低切削温度和减小切削力，延长刀具寿命。超声振动辅助加工的特点是加工精度高，可明显提高已加工表面质量，显著降低表面粗糙度和切削温度，使切削过程中的切削力大大减小，并减少微裂纹的生成，为复合材料的加工应用提供了技术途径。

　　特种加工方法还有电火花、电子束、电化学等方法，这些方法都有自身的优点和适宜条件。电火花加工的优点是切口质量高、不会产生微裂纹，唯一不足是工具磨损太快。电子束加工属微量切削加工，其特点是加工精度极高，没有热影响区，适宜在大多数复合材料上打孔、切割和开槽，不足是会产生裂纹和界面脱黏开裂。电化学加工的优点是不会损伤工件，适宜于大多数具有均匀导电性复合材料的开槽、钻孔、切削和复杂孔腔的加工。各种特种加工方法的特点如表 1.2 所示。

表 1.2　各种特种加工方法的特点

特种加工方法	特点或不足
①激光束加工	切缝小、速度快、节省原材料、可以加工形状复杂的工件
②高压水射流加工	切口质量高、结构完整性好、速度快，适宜金属基复合材料
③电火花加工	切口质量高、无微裂纹；不足：工具磨损快
④超声振动辅助加工	加工精度高，适宜在硬而脆的材料上打孔和开槽
⑤电子束加工	加工精度极高，无热影响区；不足：产生裂纹和界面脱黏开裂
⑥电化学加工	不会损伤工件，适宜于具有均匀导电性的复合材料

　　从上面的分析可以看出，复合材料的各种特种加工方法，大都具有刀具磨损小、加工质量高、能加工复杂形状工件的优点，但各自都存在自身的不足和局限。随着对特种加工方法研究的深入，复合材料特种加工方法将不断完善，有望成为复合材料加工的主流方法。

　　在各种特种加工方法中，利用超声波高应变率效应的超声振动辅助加工方法，结合了超声能场与机械加工的优势，工件材料在超声作用下发生软化，改变了工件材料的裂纹扩展形式，相较于常规机械加工减小了切削力，从而可以获得较好的工件表面质量，是一种较好的复合材料加工方法。

1.5　超声振动辅助加工技术

1.5.1　超声振动辅助加工技术概述

　　随着科学技术的不断发展，特别是航空航天领域的发展，对产品及其零部件的性能与质量要求越来越高。为了保证整机及零部件的高性能与高质量，人们广泛采用了具有各种特殊性能的新型结构材料，如先进复合材料、高温合金、硅晶体、纤维增强碳化硅陶瓷等，但能满足各种特殊性能的结构材料一般都切削加工困难，很难满足高精度和高效率的加工要求。目前广泛采用的车、铣、钻、磨等加工工艺，尽管在刀具材料研发、刀具结构设计、最优工艺参数选择、新型冷却润滑方式设计、机床研制等方面取得了很多成果，但依然不能解决难加工材料加工中存在的刀具磨损严重、加工质量不理想、加工效率低等问题。

为了满足各种难加工材料的高性能和高质量的加工要求，通过融合多种学科，产生了很多新的加工方法，其中，超声振动辅助加工方法因具有间断性、冲击性、超声软化等优点，被广泛应用于难加工材料的精密加工领域。超声振动辅助加工技术是一种将超声振动与常规机械加工工艺结合的技术，对机械加工工艺系统中的工具或工件施以某种参数（频率和振幅）为控制量的超声振动，使得工具和工件周期性地接触与分离，工具和工件之间的相对速度产生周期性变化和出现加速度。该技术在各种加工工艺中都能取得很好的加工效果，特别是在难加工材料的加工中有更为显著的效果。该技术于 1964 年由英国学者 Percy Legge 首次提出和应用，由于其与传统加工有截然不同的材料去除方式，使得超声振动辅助加工能有效减小切削力、增加刀具耐用度等，并可有效减少加工对工件表面造成的损伤，提高表面加工质量。

日本宇都宫大学的隈部淳一郎教授对超声振动辅助加工理论做了系统阐述，最早将超声振动辅助加工技术应用在机械切削加工中。1979 年，隈部淳一郎出版了专著《精密加工振动切削（基础与应用）》，将超声振动辅助切削加工理论应用于加工领域（如车削、铣削、刨削、钻孔、镗孔、铰孔、磨削、螺纹加工、齿轮加工等），这为超声振动辅助加工技术的研究应用和发展奠定了基础，实现了超声振动辅助加工技术在传统加工工艺中的应用。超声振动辅助切削加工的实质是在传统的切削过程中，通过振动产生装置将规律可控的振动施加给工具（或工件），使切削过程中的切削速度、切削深度按指定规律变化，形成了与普通切削相异的切削加工工艺。与普通切削加工工艺相比，超声振动辅助切削加工具有切削力小、切削热低、工件表面质量高、刀具耐用度高等优点，可有效地解决难加工材料的加工问题，受到学者们的广泛研究。随着研究的不断深入，超声振动辅助加工技术在工程领域获得了一定程度的实际应用，取得了很好的技术和经济效果。

1.5.2 超声振动辅助加工技术的应用

超声振动辅助加工方法与传统加工方法相结合，形成了多种多样的超声振动辅助加工技术，在生产中有广泛的应用，主要的超声振动辅助加工技术的应用如下所述。

（1）超声振动辅助切削加工。在切削加工中引入超声振动，形成超声振动辅助切削，即将传统去除材料加工方式与超声加工技术结合，形成超声振动辅助车削、铣削、钻削、磨削等新型加工工艺，用于硬脆材料的高效加工。作为一种精密加工和难切削材料加工中的新技术，超声振动辅助切削加工可以减小切削力、降低表面粗糙度值、延长刀具使用寿命及提高生产率等。目前，在复合材料加工领域应用较多的主要有超声振动辅助钻削加工、超声振动辅助铣削加工、超声振动辅助车削加工、超声振动辅助磨削加工等。

（2）超声振动辅助表面滚压加工。其在传统滚压技术基础上，结合超声加工的高频冲击作用，通过高频振动加工工艺进行金属表面性能的改善，可以提高表面质量，优化金属材料表面晶粒结构，消除晶体缺陷，减少疲劳应力作用下裂纹的形成并抑制裂纹的早期扩展。

（3）超声振动辅助清洗处理。其原理主要基于清洗液在超声波作用下产生的空化效应。空化效应产生的强烈冲击波直接作用到被清洗的部位，使污物遭到破坏，并从被清洗表面脱落下来。此方法主要用于几何形状复杂、清洗质量要求高而用其他方法清洗效果差的中小精密零件，特别是对于工件上的深小孔、微孔、弯孔、盲孔、沟槽、窄缝等部位的精清洗，生产率和净化率都很高。目前该方法在半导体和集成电路元件、仪器仪表零件、电真空器件、光学零件、医疗器械等的清洗中都有应用。

（4）超声振动辅助焊接加工。其原理是利用超声振动作用去除工件表面的氧化膜，使工件露出本体表面，使两个被焊工件表面在高速振动撞击下摩擦发热，并黏接在一起。超声波焊接可以焊接尼龙、塑料及表面易生成氧化膜的铝制品，还可以在陶瓷等非金属表面挂锡、挂银，从而改善这些材料的可焊性。

（5）超声振动辅助复合加工。超声振动辅助加工硬质合金、耐热合金等硬质金属材料的加工速度慢、工具损耗大，为了提高加工速度和降低工具损耗，可以将超声振动辅助加工与电火花加工、电解加工等结合起来，形成复合加工。采用超声振动辅助加工与电解加工或电火花加工相结合的复合加工方法进行喷油嘴、喷丝板上的孔或窄缝等的加工，可大大提高生产率和质量。

1.5.3 超声振动辅助加工技术的特点

随着超声振动辅助加工技术的不断发展，目前超声振动辅助加工系统可实现针对不同应用的小型化、模块化设计，可快速安装在各类加工机床主轴或机器人末端，广泛应用于不同类型的加工工艺。超声振动辅助加工技术的主要特点如下。

（1）加工范围广。适合加工各种硬脆材料，既可以加工淬硬钢、不锈钢、钛合金等硬质导电的金属材料，又可以加工玻璃、陶瓷、石英、硅、玛瑙、宝石、金刚石等不导电的非金属材料。

（2）切削力小。由于超声振动辅助加工主要靠瞬时的局部冲击作用，在振动的影响下，刀具与切屑之间的摩擦系数只有普通切削的 1/10 左右，所以切削力可以减小到普通切削力的 1/10~1/2[4]。

（3）工件加工精度高、表面粗糙度低。超声振动辅助加工依靠的是瞬时局部的冲击作用，切削力小、切削温度低，破坏了积屑瘤的形成条件，不会引起变形及表面烧伤，能达到更好的光洁度，可获得较高的加工精度（尺寸精度可达 0.005~0.02mm）和较低的表面粗糙度（Ra 值为 0.05~0.2），被加工表面无残余应力、烧伤等现象，适合加工不能承受较大机械应力的薄壁、窄缝、低刚度零件。

（4）易于加工各种复杂形状的型孔、型腔和成型表面等。由于加工过程中工具与工件之间的相对运动较为简单，因此易于加工出各种复杂形状的内表面和成型表面等。采用中空形状的工具，还可以实现各种形状套料加工后的工件形状与工具形状一致，可加工复杂型腔及成型表面。

（5）刀具磨损减少，使用寿命延长。切削力小、切削温度低、冷却润滑充分，刀具寿命可以延长几倍到几十倍，磨损减少 40%~60%。

（6）强化切削液的使用效果。振动是断续切削，当刀具和工件分离时，切削液进入切削区，而振动会使切削液产生空化，使切削液变均匀，切削液微粒获得能量，更易进入切削区。

（7）提高加工表面耐磨性。超声振动辅助加工时会形成细小刀纹，在工件工作时容易形成油膜，有利于提高耐磨性。

1.5.4 超声振动辅助切削加工

作为一种特种加工方法，超声振动辅助切削加工通过对数控机床结构和功能的二次改造，给传统切削加工中的刀具（或工件）施加某种参数（频率和振幅）可控制的有规律振动，将超声频振动能量附加到机械加工过程中，使其加工性能进一步增强，以满足更高的加工要求。超声振动辅助切削加工是一种脉冲切削加工，综合了传统机械切削加工技术和超声振动辅助加工技术，实现了不同加工技术之间的优势互补，能优质高效地加工难加工材料，满足不同领域的应用技术要求。经过了多年的应用，超声振动辅助切削加工技术已成为提高机械零部件加工能效的重要手段之一，也已成为机械加工行业的重要发展方向。

超声振动辅助切削加工技术在难加工材料的切削过程中得到了广泛的研究和应用，按照振动方向的不同，超声振动辅助切削加工方法可以分为主运动（切削）方向振动辅助切削加工、进给方向振动辅助切削加工、切深方向振动辅助切削加工和复合振动辅助切削加工。其中三种不同振动方向的超声振动辅助切削加工如图 1.5 所示。复合振动辅助切削加工则是一种将主运动（切削）方向振动辅助切削加工 [图 1.5（a）]、切深方向振动辅助切削加工 [图 1.5（b）]、进给方向振动辅助切削加工 [图 1.5（c）] 中的两种及以上组合形成空间方向振动辅助切削加工的方式。

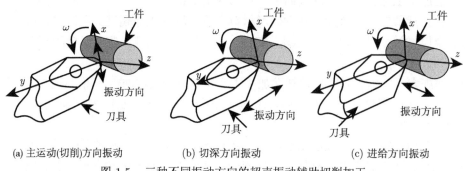

(a) 主运动(切削)方向振动   (b) 切深方向振动   (c) 进给方向振动

图 1.5   三种不同振动方向的超声振动辅助切削加工

按振动维度可将超声振动辅助切削加工分为：一维超声振动辅助切削加工、二维超声椭圆振动辅助切削加工和三维超声振动辅助切削加工。一维超声振动辅助切削加工可以采用主运动方向振动、进给方向振动和切深方向振动中的任何一种形式。二维超声椭圆振动辅助切削加工则复合了主运动方向振动、进给方向振动和切深方向振动中的任意两种形式，可在加工平面内形成椭圆振动轨迹，从而进行实际的切削加工。

相比于一维超声振动辅助切削加工和二维超声椭圆振动辅助切削加工，三维超声振动辅助切削加工技术过程复杂、实现难度大，目前研究较少。日本的 Shamoto 和 Moriwaki [5] 于 1994 年首次提出了 "椭圆振动切削" 方法，该方法在切削方向和切屑流动方向确定的平面上，对切削刀具施加同步双向振动，使刀具沿着椭圆轨迹在每个振动周期中完成切削，椭圆振动切削能够有效抑制颤振，降低切削颤振所带来的不利影响。图 1.6 是通过超声椭圆振动辅助铣削获得的工件表面质量，在不稳定状态下加工，加工表面深度不同，局部切屑堆积，表面粗糙不均匀 [图 1.6(a)]；在稳定状态下加工，刀纹清晰均匀且稳定，形成的加工表面齐整光滑 [图 1.6(b)]。

(a) 不稳定状态   (b) 稳定状态

图 1.6   通过超声椭圆振动辅助铣削获得的工件表面质量

在实际生产中，主运动方向振动的一维超声振动辅助切削加工效果较好、应用较多。此外，采用二维超声椭圆振动辅助切削加工方式，让刀具相对于工件在切削速度方向和切屑流出方向所在的平面内做超声频的周期性振动，通过对两个激励方向上的振幅和相位进行控制，实现两个方向的组合，可增大剪切角，更有效地提高加工精度和表面质量。

超声振动辅助切削加工过程是高频断续过程，在加工过程中，刀具或工件按照一定振幅做超声频振动，刀具与工件间发生高频重复分离和接触。切削力是评定切削性能的重要指标。普通切削力信号是连续的正弦波信号，而超声振动切削力信号由致密的脉冲束构成，呈现出明显的振荡特征，超声振动能够同时显著地降低横向和纵向两个方向的切削力峰值。由于超声振动辅助切削速度的大小和方向呈周期性变化，并且在单个切削循环中，工具的净切削时间极短，所以刀具与工件间的摩擦系数大大降低，平均切削力也小于普通切削力。在超声振动辅助切削过程中，切削速度、切削角、振动频率和振幅对超声振动辅助切削过程中刀具的净切削时间有直接影响 [4]。

迄今为止，虽然对振动切削中某些现象的解释、某些参数的选择有所不同，但对它的工艺效果是公认的。在切削过程中，超声振动辅助加工的作用，可以用以下几种效应或理论进行解释。

（1）间歇接触效应（断续切削）。间歇接触效应将促进加工中的切屑分离，并在大多数机械制造过程中减小界面处的摩擦或压力。

（2）超声软化效应。在超声振动辅助切削加工过程中，超声波的作用可以使加工材料软化，从而增加材料的塑性，降低材料的屈服应力，更有助于进行切削加工。

（3）摩擦系数降低理论。超声振动使得互相接触材料的动、静摩擦系数降低，同时在超声振动的影响下，在切削液中产生空化效应，切削液更容易进入切削区，从而减少刀具、工件与切屑接触界面之间的摩擦。

思 考 题

1.1 什么是复合材料？

1.2 复合材料的性能特点有哪些? 请简要回答 5 个要点。

1.3 复合材料如何分类?

1.4 什么是超声振动辅助加工技术?

1.5 主要的超声振动辅助加工应用有哪些?

1.6 超声振动辅助加工技术的特点是什么? 请简要回答 4 点。

第 2 章　超声振动辅助加工的基本原理

2.1　超声波的定义与波形

声的发生是由于发声体的机械振动引起了周围弹性介质中质点的振动，振动由近及远地传播形成声波。超声波是指频率高于人耳听觉上限的声波，是一种机械波。一般来说，正常人听觉的频率上限在 16~20kHz，随年龄、健康状况等的不同有所不同。因此，人耳所能听到的声波，其频率在 20~20000Hz，频率在 20~20000Hz 以外的声波不能引起人对声音的感觉。频率超过 20000Hz 的声波叫作超声波，频率低于 20Hz 的声波叫作次声波。人们习惯上常把以工程应用为目的，而不是以听觉为目的的某些可听声的应用列入超声技术的研究范围。因此，在实际应用中，有些超声技术使用的频率可能在 16kHz 以下。超声波频率的上限是 10^{14}Hz，因此，整个频率范围是相当宽广的，声波的频率范围如图 2.1 所示。

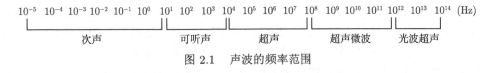

图 2.1　声波的频率范围

超声波是声波的一种，其传播完全符合声波的传播特点和基本规律。但超声波也有与可听声不同的一些特点：①由于频率很高，超声波传播的方向性较强，因而产生超声波的设备几何尺寸可以较小；②在超声波传播过程中，介质质点振动的加速度非常大；③在液体介质中，当超声波的强度达到一定数值后便产生空化现象。正是这些特点，使得超声波具有与可听声不同的用途。超声波的应用总体上包括两大方面：一方面是超声加工和处理；另一方面是超声检测与控制。前者的应用是通过超声波改变物质本身的特性或者状态，来满足生产、生活的需要。后者的应用主要是超声波本身的检测及测量。这两方面技术在航空航天、军事、农业等领域都有广泛的应用，蕴含着巨大的发展潜力。

超声波在介质中传播的波形取决于介质可以承受何种作用力以及如何对介质激发超声波。由于声源在介质中振动的方向与波在介质中传播的方向可以相同也可以不同，所以就产生了不同类型的声波。对超声波的分类方法有很多种，有按照介质质点的振动方向与波的传播方向之间的关系分类的方法，有按照超声波的形状分类的方法，也有按照超声波在波导中传播的振动时间分类的方法等。例如，按照介质质点的振动方向与波的传播方向之间的关系，可以将超声波分为纵波、横波、表面波和板波；按照超声波的形状可以将超声波分为三类，即平面波、柱面波、球面波；按照超声波在波导中传播的振动时间可以将超声波分成两类，即连续波和脉冲波。

超声波在本质上与普通的声波是一致的，它们许多的传播规律和传播特性具有相同的特点，两者都因频率而划定界限，因此携带的能量不同。按照介质质点的振动方向与波的传播方向之间的关系可以将超声波分为纵波、横波、表面波和板波，如图 2.2 所示。

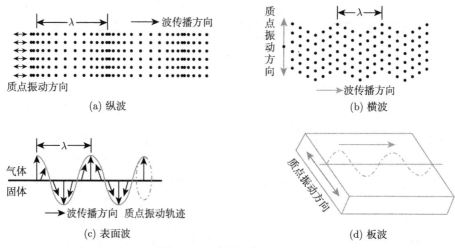

(a) 纵波　　　　　　　　　　　　　　　(b) 横波

(c) 表面波　　　　　　　　　　　　　　(d) 板波

图 2.2　　各种波形的示意图

1. 纵波

介质中质点的振动方向与波的传播方向相互平行的波称为纵波，用 L 表示。任何固体介质当其体积发生交替变化时均能产生纵波。纵波是当介质质点在受到交变拉压应力作用时，质点之间产生相应的伸缩形变而形成的。此时传播的质点疏密相间，所以纵波也可称为压缩波或疏密波。凡能承受拉伸或压缩应力的介质都可以传播纵波。固体介质能承受拉伸或压缩应力，因此固体介质可以传播纵波。液体和气体介质虽然不能承受拉伸应力，但能承受压缩应力产生容积变化，因此液体和气体介质也可以传播纵波。

2. 横波

介质中质点的振动方向与波的传播方向相互垂直的波称为横波，用 S 或 T 表示。横波是在介质质点受到交变的剪切应力的作用下，质点之间产生相应的切向形变而形成的。故横波又称为剪切波或者切变波。质点做上下振动时可产生横波，质点做前后振动时同样可产生横波，通常将前者称为垂直偏振横波（SV 波），而将后者称为水平偏振横波（SH 波）。只有固体介质才能承受剪切应力，液体和气体介质不能承受剪切应力，因此横波只能在固体介质中传播，不能在液体和气体介质中传播。

由于介质除了能承受体积变形，还能承受切变变形，因此，当有剪切应力交替作用于介质时均能产生横波。

3. 表面波

表面波是瑞利（Rayleigh）于 1887 年首先提出的，因此又称瑞利波。当介质表面受到交变应力作用时，产生的沿介质表面传播的波被称为表面波，用 R 表示。表面波在介质表面传播时，介质表面质点做椭圆运动，椭圆长轴垂直于波的传播方向，短轴平行于波的传播方向。椭圆运动可视为纵向振动与横向振动的合成，即表面波是沿着介质表面传播的具有纵波和横波双重性质的波。因此表面波同横波一样只能在固体介质中传播，不能在液体和气体介质中传播。表面波的能量随传播深度的增加而迅速减弱。当传播深度超过两倍波长时，质点的振幅就已经很小了。因此，一般认为，表面波探伤只能发现距工件表面两倍波长深度的缺陷。

4. 板波

如果固体物质的尺寸进一步受到限制而成为板状，则当板厚小到某一程度时，瑞利波就不存在，而只能产生各种类型的板波。即在板厚与波长相当的薄板中传播的波被称为板波。根据质点的振动方向不同，可将板波分为 SH 波和 Lamb 波。

SH 波是水平偏振的横波在薄板中传播时形成的波。薄板中质点的振动方向平行于板面而垂直于波的传播方向，相当于固体介质表面的横波。Lamb 波是一种应力波。Lamb 波本质上是，当超声波的波长与超声波在其中传播的板厚是相同数量级时，经过横波和纵波在板中来回反射、折射、波形转换等最终耦合成的波。Lamb 波又分为对称型（S 型）和非对称型（A 型）。对称型（S 型）Lamb 波的特点是，薄板中心质点做纵向振动，上下表面质点做椭圆运动、振动相位相反，并对称于中心。非对称型（A 型）Lamb 波的特点是，薄板中心质点做横向振动，上下表面质点做椭圆运动、振动相位相同，是不对称的。

各种类型波的对比如表 2.1 所示。

表 2.1　各种类型波的对比

波的类型		传播介质	振动特点
纵波		固、液、气体	质点振动方向平行于波的传播方向
横波		固体	质点振动方向垂直于波的传播方向
表面波		固体表面，且固体厚度远大于波长	质点做椭圆运动，椭圆长轴垂直于波的传播方向，短轴平行于波的传播方向
板波	SH 波	固体介质（厚度为几个波长的薄板）	质点的振动方向平行于板面而垂直于波的传播方向
	对称型（S 型）		上下表面：椭圆运动；中心：纵向振动
	非对称型（A 型）		上下表面：椭圆运动；中心：横向振动

波的强度可以采用周期/频率、波长和波速进行衡量。

1）周期 t 和频率 f

周期和频率为声波经过的介质质点产生机械振动的周期和频率，机械波的周期和频率只与振源有关，与传播介质无关。波动频率也可定义为波动过程中，任一给定点在 1s 内所通过完整波的个数，与该点的振动频率相同，单位为赫兹 (Hz)，波动频率的倒数为波的周期。

2）波长 λ

波经历一个完整周期所传播的距离，称为波长。同一波线上相邻两个振动相位相同的质点间的距离为波长。波长的常用单位为米 (m) 或毫米 (mm)。

3）波速 v

波在单位时间内所传播的距离称为波速，用 v 表示，常用单位为米/秒 (m/s) 或千米/秒 (km/s)。纵波、横波及表面波的传播速度通常由介质的弹性系数、介质的密度及声阻抗决定，介质的声阻抗等于介质的密度和声速的乘积。

由波速、波长和频率的定义可知，声波的波速等于波长与频率的乘积，即

$$v = f\lambda \tag{2.1}$$

由式 (2.1) 可知，波长与波速成正比，与频率成反比。频率一定时，波速越高，波长就越长；当波速一定时，频率越低，波长就越长。常用材料在常温下的波速见表 2.2。

表 2.2   常用材料在常温下的波速

材料	波速/(m/s)
空气	340
铝	6300
黄铜	4300
铜	4700
玻璃	5300
金	3200
冰	4000
铬镍铁合金	5700
铁	5900
钢，低碳钢	5900
钢，不锈钢	5800
钛	6100
水	1480
锌	4200

2.2 超声波的特性

2.2.1 超声波的空化效应

空化现象是液体中常见的一种物理现象。在液体中由于涡流或超声波等物理作用，某些地方形成局部的暂时负压区，从而引起液体或液、固体界面的断裂，形成微小的空泡或气泡。液体中产生的这些空泡或气泡处于非稳定状态，有初生、发育和随后迅速闭合的过程。当空泡或气泡迅速闭合破灭时，会产生微激波，局部有很大的压强。激波是指气体、液体和固体介质中应力（压强）、密度和温度发生突跃变化的压缩波，又称为冲击波。这种空泡或气泡在液体中形成和随后迅速闭合的现象，称为空化现象，空化产生过程可以用图 2.3 所示的过程描述。

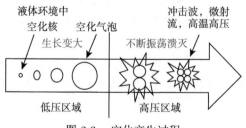

图 2.3   空化产生过程

由于空化现象产生的气泡非线性振动，以及它们破灭时产生爆破压力，所以伴随空化现象能产生许多物理的或化学的效应。物理效应即空化气泡破裂产生微射流和冲击波，强

大的冲击作用使物体表面被冲蚀破坏；化学效应即激波导致气体分子电离为等离子体，等离子体与接触表面的油污、漆、锈层等发生化学反应。若空化是由超声波引起的，就称为超声空化。这些空化效应有腐蚀破坏工件的消极作用，也有在工程技术中得到应用的积极作用，特别是在超声加工和超声清洗中有重要的作用。

1. 液体强度和空化核

空化现象只有在液体中才能产生，由于液体分子间的内聚力很大，所以纯净液体的理论强度很高。理论上，只有当外加的负压超过分子内聚力时，才能把液体拉破。为解释空化现象，研究人员进行了深入的研究，发现液体中存在着许多空化核，即很微小的气泡，直径一般为 $10^{-9} \sim 10^{-8}$ m。在声负压的作用下，这些液体中的空化核会膨胀，而形成空化气泡。

若液体中存在空化核，且空化核内含有蒸汽，则该液体的强度（压强）由式 (2.2) 进行计算[6]：

$$P_t = -P_v + \frac{2}{3\sqrt{3}}\sqrt{\frac{\left(\frac{2\sigma}{R_0}\right)^3}{P_0 - P_v + \frac{2\sigma}{R_0}}} \tag{2.2}$$

式中，P_v 为蒸汽压；R_0 为空化核的初始半径；σ 是表面张力；P_0 是液体的静压强。

由式 (2.2) 可以看出，空化核的半径 R_0 越大，则该处液体的强度越弱；反之，空化核半径 R_0 越小，液体的强度也就越强。含有空化核的地方就是液体强度比较薄弱的地方，也就是空化开始的地方。

2. 空化阈值

使液体产生空化的最小压强称为该液体的空化阈值。设液体的静压强为 P_0，声波交变声压幅值为 P_m，则液体中压强的变化为 $P_0 \pm P_m$。当 $P_m > P_0$ 时，$P_0 - P_m < 0$，形成负压，这时空化核在负压作用下膨胀；当 $P_0 - P_m > P_t$ 时，形成空化。对于含有半径为 R_0 的空化核的液体，超声空化的空化阈值 P_c 可以表示为

$$P_c = P_0 + P_t \tag{2.3}$$

将式 (2.2) 代入式 (2.3)，则空化阈值为

$$P_c = P_0 - P_v + \frac{2}{3\sqrt{3}}\sqrt{\frac{\left(\frac{2\sigma}{R_0}\right)^3}{P_0 - P_v + \frac{2\sigma}{R_0}}} \tag{2.4}$$

由此可见，空化阈值随液体的不同而不同，同一液体，超声空化阈值随温度、压力状态、含气量，以及空化核半径的大小和分布的不同而不同，主要影响如下：

（1）空化阈值随含气量 (相对饱和含气量) 的减少单调上升。静压强加大，含气量减少，空化核也减少，因此空化阈值升高。

（2）当液体中含气量较多时，静压强对阈值的影响较大，而含气量少时影响也较小。

（3）空化阈值和液体黏性有关，黏性大的液体空化阈值略高。

（4）空化阈值和声波作用的时间也有关系，声波作用时间长，空化阈值会下降。

（5）当用脉冲声作用时，空化阈值和脉冲宽度有很大关系，脉冲宽度越大，空化阈值越低。

（6）空化阈值也与声波的频率有关，频率越高，空化阈值越高。水中产生空化所需的声压和声强如表 2.3 所示。

表 2.3　水中产生空化所需的声压和声强

频率/kHz	产生空化所需值	
	声压/10^4MPa	声强/(W/cm^2)
15	0.5~20	0.16~2.6
175	4	10
365	7~20	33~270
500	12~25	100~400

从表 2.3 可以看出，随着声波频率的增大，所需产生空化阈值的声压也在增大。

3. 空泡闭合时产生激波的强度

著名声学家瑞利最先计算了空泡闭合的速度、时间和所产生激波的强度。假设液体是不可压缩的，在液体中有一个孤立的空泡，半径膨胀到 R_m 后，由于周围液体的压缩开始收缩，现在半径已收缩至 R。假设空泡中不含气体或蒸汽，则空泡表面的收缩速度 U 可表示为

$$U = \sqrt{\frac{2}{3} \times \frac{P_0}{\rho} \left(\frac{R_m^3}{R^3} - 1 \right)} \tag{2.5}$$

由式 (2.5) 可知，在 $R = R_m$ 时，收缩将开始，气泡的收缩速度为零。当气泡收缩到很小时，内部的气体温度也会因受压而升高，形成温度梯度，将产生热损失，压缩能量损失，因而速度不可能是无限大而是有限的。式 (2.5) 说明了总的规律，即气泡的收缩速度随半径的减小越来越大。

由式 (2.5) 经过变换可求得气泡完全闭合所需的时间 τ 为

$$\tau = t_{R \to 0} \approx 0.915 R_m \sqrt{\frac{\rho}{P_0}} \tag{2.6}$$

当 $R = 1.587 R_m$ 时，闭合气泡产生激波的压力峰值为

$$P_{\max} \approx \frac{P_0}{4^{4/3}} \left(\frac{R_m}{R} \right)^3 \tag{2.7}$$

根据式 (2.7) 估算，局部压力可达上千个大气压，由此可以看出空化时能产生巨大的能量。

如果考虑气泡内含有气体且气泡内压强为 Q（包括蒸汽和扩散进去的气体的总压强），则得到气泡的收缩速度为 [6]

$$U = \frac{2P_0}{3\rho} \left(\frac{R_m^3}{R^3} - 1 \right) - \frac{2Q}{3\rho(\gamma - 1)} \left(\frac{R_m^{3\gamma}}{R^{3\gamma}} - \frac{R_m^3}{R^3} \right)^{\frac{1}{2}} \tag{2.8}$$

式中，γ 为气体的等压比和等容比热的比值。

从式 (2.8) 可以看出，在气泡闭合的过程中，液体的动能转变为对气泡所做的功。当气泡闭合时，气泡的能量除部分转变为热和光辐射以外，其余的就以激波形式辐射出去，即产生微激波，也即在产生空化时，会有微激波产生。

2.2.2 超声波的传播特性

超声波在传播中具有以下一些特性：

（1）超声波方向性好。超声波的频率高且波长很短，在无损探伤中，使用的超声波的波长是毫米数量级。超声波像光波一样具有良好的方向性，可以定向发射。

（2）超声波能量高。超声波的能量（声强）与频率平方成正比，因此超声波的能量远大于声波的能量。如 1MHz 超声波的能量相当于 1kHz 声波的能量的 100 万倍。

（3）超声波能在界面上产生反射、折射和波形转换。超声波探伤等应用，可以利用超声波具有几何声学的一些特点，如在介质中直线传播，遇到界面产生反射、折射和波形转换等。

（4）超声波穿透能力强。超声波在大多数介质中传播时，传播能量损失小，传播距离大，穿越能力强，在一些金属材料中其穿透能力可达数米。

2.2.3 超声波的叠加原理与干涉特性

当几列波在同一种介质中传播时，如果在空间某处相遇，则相遇处质点的振动是各列波引起振动的合成，在任意时刻该质点的位移是各列波引起位移的矢量和。几列波相遇后仍保持自己原有的频率、波长、振动方向等特性，并按原来的传播方向继续前进，好像在各自的途中没有遇到其他波一样，这就是波的叠加原理，又称波动性原理。

波的叠加现象可以从许多现象中观察到，例如，两石子落水，可以看到两个以石子入水处为中心的圆形水波的叠加情况和相遇后的传播情况。又如，乐队合奏或几个人谈话，人们可以分辨出各种乐器和各个人的声音，这些都可以说明波传播的独立性。波的叠加原理如图 2.4 所示。

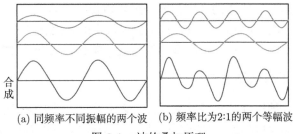

(a) 同频率不同振幅的两个波　(b) 频率比为2:1的两个等幅波

图 2.4　波的叠加原理

一般来说，振幅、频率、周期都不同的几列波在某一点叠加时，这一点的振动将是复杂的。一种简单而重要的情况是，由两列频率相同、波形相同、相位相同或相位差恒定的波源所发出的波的叠加，这时，合成声压的频率与各列相同，但幅度不等于两列声波声压幅度之和，而与两列声波的相位差有关。在某些位置上振动始终加强，而在另一些位置振动始终减弱或完全抵消，这种现象称为干涉现象。产生干涉现象的波叫相干波，其波源称为相干波源。相干波相交即有干涉，不一定必须平行，平行时干涉现象的空间分布最为清楚。波的干涉示意图如图 2.5 所示。波的叠加原理是波的干涉现象的基础，波的干涉是波动的重要特征。

图 2.5　波的干涉示意图

2.2.4　超声波的衍射

超声波与普通声波一样，也具有反射、折射、衍射、散射等特点，但是超声波的波长较短，有的是几厘米，有的低至千分之几毫米。波长越短，声波的衍射特性就越差，可以在介质中稳定地进行直线传播，因此波长较短的超声波具有很强的直线传播能力。当声音在空气中传播时，会推动空气中的粒子振动做功，声波功率的大小表示声波做功的快慢，在相同环境下，声波的频率越高，功率越大，超声波的频率一般大于 20kHz，因此超声波的功率较高。

超声波衍射是指波遇到障碍物时偏离原来传播方向的物理现象，即声波绕过障碍物的边缘并进入其几何阴影向后传播的现象。波绕过障碍物的能力与障碍物的大小有关。对于 1~2 个波长的障碍物，波能够完全绕过，对于更大尺度的障碍物，波只能够绕过边缘部分。波的衍射能力与频率（波长）有关，频率越低（波长越长），其衍射能力越强。

2.2.5　驻波与超声波的共振特性

在特定条件下，波的干涉将形成驻波效应。两列振幅相同的相干波在同一直线上沿相反方向传播时互相叠加而成的波，称为驻波。驻波中振幅为零的点称为波节或节点，振幅最大处称为波腹，波节两侧的振动相位相反，相邻两波节或波腹间的距离都是半个波长。对驻波而言，仅波腹上、下振动，波节不移动。驻波的平均能量密度等于零，能量只能在波节与波腹间来回运行。由于波节静止不动，所以波形没有传播。相对于驻波来说，波形向前传播的波称为行波，或者说行波就是波从波源向外传播的波。

在一个超声振动系统中，当发出的平面声波经介质传播到接收器时，若接收面与发射面平行，声波在接收面处会被垂直反射，于是平面声波在两端之间来回反射并叠加。当接收端与发射端间的距离恰好等于半波长的整数倍时，叠加后的波就是驻波，此时相邻两个波节点的距离等于半个波长。波实际上会在两个表面之间反射多次，在某些特定的频率点，波腹处的振幅可以非常大，特别是在高驻波比的情况下，此时波节处的振幅值几乎接近零，发生这种现象时，就称该系统处于共振状态。当激发声波的激励频率等于驻波系统的固有频率时，会产生驻波共振，此时波腹处的振幅达到最大值，因此，驻波和共振是有联系的。共振是当外加激励和系统固有频率一致 (接近) 时，振幅被加强。

各种乐器，包括弦乐器、管乐器和打击乐器，都是由于产生驻波而发声的。为得到最强的驻波，弦或管内空气柱的长度 L 必须等于半波长的整数倍，即 k 为整数，λ 为波长。因而弦或管中能存在的驻波波长为 λ，相应的振动频率为 $f = v/\lambda$，v 为波速。$k = 1$ 时，f 称为基频，除基频外，还存在频率为 kf 的倍频。

驻波多发生在海岸陡壁或直立式水工建筑物前面，紧靠陡壁附近的海水面随时间做周期性升降，海水呈往复流动，但并不向前传播，水面基本上是水平的，这是由受陡壁的限制使入射波与反射波相互干扰而形成的。波面随时间做周期性的升降，每隔半个波长就有一个波面升降幅度为最大的断面，即波腹；波面升降的幅度为 0 时的断面为波节。相邻两波节间的水平距离仍为半个波长，因此驻波的波面包含一系列的波腹和波节，腹节相间，波腹处波面的高低虽有周期性变化，但此断面的水平位置是固定的，波节的位置也是固定的。

2.2.6 超声波的吸收特性

声在传播过程中将产生衰减，即声强随着距离的增加而逐渐减小。根据声强衰减产生原因的不同，声波衰减可以分为吸收衰减、散射衰减和扩散衰减。

吸收衰减是指介质的黏滞性导致声波在介质中传播时造成质点的内摩擦，其中一部分声能转化为热能传递到周围环境中，从而导致声能损耗的现象。吸收衰减主要与介质的黏滞性、热传导及各种弛豫过程等因素有关。

散射衰减是指声波在弹性介质中传播时，流体介质中的悬浮粒子或者固体介质的颗粒界面使声波发生散射，导致声强逐渐减小的现象。散射衰减既与介质的性质有关，又与散射粒子的性质、数目、形状、大小有关。吸收衰减和散射衰减主要是由介质自身的特性决定的。

扩散衰减是指声波在均匀弹性介质中传播时，声强由于声波传播过程中波阵面的不断扩大而产生的衰减现象。扩散衰减主要是由声源特性引起的，与换能器的特性有关，因此，换能器波束聚焦可以减小扩散衰减，不同的波束状况会有不同的扩散衰减规律。

超声波在介质中传播时被吸收的情况与介质的性质有关。因此，对超声波吸收的研究不仅对了解超声波在介质中的传播情况是必要的，而且也是探索介质特性和结构的一种方法。

2.3 超声振动辅助加工系统及其工艺原理

2.3.1 超声振动辅助加工系统

利用超声波的共振特性，设计具有一定振幅的超声振动辅助加工装置，构建超声振动辅助加工系统，是实现超声振动辅助切削加工的基础。超声振动辅助加工系统的核心部件包括超声波发生器和超声振动辅助加工装置，通常将超声振动辅助加工系统安装在机床或机器人末端进行相应的加工处理，有时也将机床或机器人作为超声振动辅助加工系统的一部分。将超声振动与常规机械切削加工工艺结合时，根据不同的切削加工工艺，有时超声振动辅助加工装置还需要与机床主轴一起旋转，为了给旋转的超声振动辅助加工装置供电，还需要考虑超声振动辅助加工装置的电能传输问题，本书中将主要讨论超声振动辅助加工系统中的超声波换能器、超声振动辅助加工装置及其电能传输部分。图 2.6 为带有电能传输装置的超声振动辅助加工系统，其由超声波发生器、电能传输装置及超声振动辅助加工装置组成。

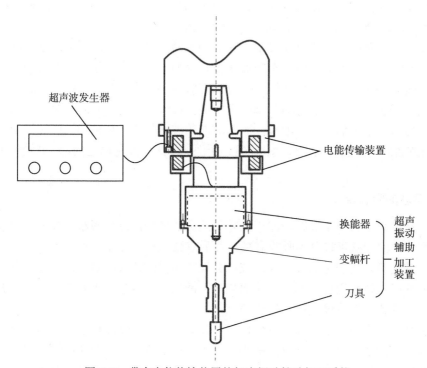

图 2.6   带有电能传输装置的超声振动辅助加工系统

超声波发生器又称超声波电源，是整个超声振动辅助加工系统的能量源，用于产生超声频电振荡，以提供超声振动辅助加工装置所安装刀具的往复振动和材料去除的能量，一般设置与超声振动辅助加工装置谐振频率相同的超声频率，驱动超声振动辅助加工装置达到共振状态，使得超声振动辅助加工系统处于谐振状态，形成一个谐振系统。超声振动辅助加工装置用于将超声波发生器产生的高频电信号转换成机械振动，并将机械振动用于带动刀具进行相应的加工。超声振动辅助加工装置主要由换能器、变幅杆和刀具组成。

一般超声振动辅助加工装置安装刀具对工件进行超声加工处理，对于需要超声振动辅助加工装置旋转的加工工艺而言，如铣削加工、钻削加工等，为了给连接到机床旋转主轴上的超声振动辅助加工装置供电，还需要配备电能传输装置，这种电能传输装置主要包括接触式电能传输和非接触式电能传输两种形式。

机床或机器人本体比较简单，对于诸如超声强化等加工工艺，对应的机床或机器人需要有工作头、加压机构、工作进给机构和工作台及其位置调整系统等，工作头用于支撑超声振动辅助加工系统，要有足够的强度和刚度；加压机构用于产生静压力；工作进给机构不仅可以增加孔的加工深度，带有自动调节功能的进给系统还能够保持加工状态的稳定；工作台及其位置调整系统用于工件加工位置的定位，可以利用现有的机床，如车床、铣床、钻床、磨床等进行超声振动辅助加工系统的安装。

2.3.2 超声振动辅助加工系统的工艺原理

超声振动辅助加工（ultrasonic vibration-assisted machining, UVM）中应用最广泛、最基本的加工方式是超声振动辅助切削加工，因此，下面以超声振动辅助切削加工为例阐述超声振动辅助加工的基本原理。

超声振动辅助切削加工示意图如图 2.7 所示，对图 2.7 中的刀具施加超声振动，使得刀具沿着进给方向、径向或切向振动，在一个振动周期中，刀具的有效切削时间很短，大部分时间刀具与工件切屑完全分离，刀具与工件切屑断续接触，切削热量大大减少，从而获得更好的加工性能。

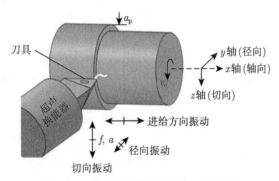

图 2.7 超声振动辅助切削加工示意图

超声振动辅助切削加工实际上是指利用刀具或工件的超声频振动使连续的切削过程转化为分段的、间断的切削过程，其原理示意图如图 2.8 所示。

从图 2.8 可以看出，刀具做过 O 点的近似简谐振动，振幅为 a。如果刀具在某一时刻沿图 2.8 所示的 y 轴正方向振动，运动到 E 点时与工件开始接触，经过 EFA 段的切削后形成切屑 1，产生脉冲力 F_p 和 F_c。运动到 A 点后，由于刀具运动方向与工件运动方向相同，且刀具运动速度 v_d 大于工件运动速度 v_c，因而，刀具在 A 点开始脱离工件，切削力为 0。刀具继续运动到下一定点再次改变运动方向，在 B 点与工件第二次接触，经 BGD 段形成切屑 2，同时产生脉冲力 F_p 和 F_c。刀具与工件的这种接触—切削—脱离的过程，不断产生切屑 1，2，3，$\cdots$，m，产生间断的脉冲力 F_p 和 F_c，从而实现材料的去除。

超声振动辅助切削加工对切削过程的影响大致可以归纳如下：①在切削过程中，通过引入超声振动周期性改变实际切削速度的大小和方向。②周期性改变刀具工作角度的大小。③周期性改变切削层厚度。④改变了切削加工中所加载荷的性质，使刀具静载荷变为动载荷。⑤改善了切削液的使用效果，包括断续切削使切削液充分润滑刀具、在切削液内产生空化作用使切削液均匀乳化。⑥改变工艺系统的动态稳定性,从而得到振动切削特有的消振效果。

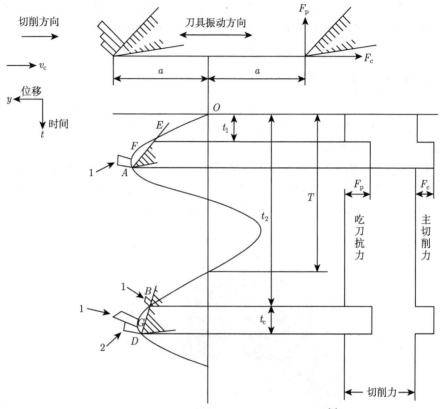

图 2.8　超声振动辅助切削加工原理示意图 [7]

2.4　超声波发生器

2.4.1　超声波发生器的基本原理

　　超声波发生器是一种产生超声频激励,并驱动超声换能器产生振动的装置。其作用是把普通的交流激励电信号 (220V,50Hz) 转换成与超声换能器相匹配的高频交流电信号。按照采用的工作原理,超声波发生器可分为模拟电路和数字电路两大类。模拟电路超声波发生器又分为振荡-放大型和逆变型两种,常用的电子管发生器、晶体管发生器和模拟集成电路发生器均属于前一种,可控硅发生器则属于后一种。后一种在实际应用中很少遇到 [6]。振荡-放大型超声波发生器结构如图 2.9 中虚线框所示,由电源、振荡器、放大器和匹配电路组成,输入普通的交流激励电信号,输出高频交流电信号,驱动负载超声换能器。从图 2.9 中可以看出,振荡-放大型超声波发生器实际上就是一种带有振荡电路的放大器。

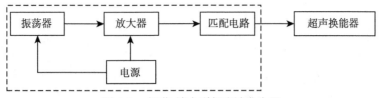

图 2.9 振荡-放大型超声波发生器

超声波发生器在工作时,由振荡器产生一个特定频率的信号,这个信号可以是正弦信号,也可以是脉冲信号,通过放大器把这个信号频率放大到一定值,这个频率就是超声换能器的频率,一般在超声波设备中使用到的超声波频率为 20kHz、28kHz、30kHz、50kHz等。放大器可以采用多种形式,如电子管甲类放大器、晶体管甲类或乙类放大器、晶体管开关式放大器等,功率一般从 50W 到 2000W 不等,由振荡器产生的频率信号经过放大器后需经过阻抗匹配,使输出的阻抗与超声换能器的阻抗相符,驱动超声换能器将电信号转换为机械振动。

为了获得稳定的频率输出和功率输出,超声波发生器一般应具有以下两个方面的反馈环节:①输出功率信号反馈。当超声波发生器的供电电源(电压)发生变化时,超声波发生器的输出功率也会发生变化,反映在超声换能器上就是产生的机械振动忽大忽小,导致超声振动效果不稳定。因此需要稳定输出功率,可以通过功率反馈信号相应调整功率放大器,使得功率放大稳定。②频率跟踪信号反馈。当超声换能器工作在谐振频率点时其效率最高,工作最稳定,而超声换能器的谐振频率点会由于负载波动、结构装配原因、工作老化等情况而发生改变,因此需要跟踪频率信号进行谐振控制,保持谐振频率的稳定。

2.4.2 超声波振荡器

超声波振荡器,又称为信号发生器,其功能就是在没有外加信号的条件下,自动将电源提供的能量转换为具有一定频率、一定波形和一定振幅的交变振荡信号输出,用以驱动放大器,可以是一个独立的振荡器,也可以是一个反馈网络。独立振荡器形式的超声波发生器称为它激式超声波发生器,反馈网络形式的超声波发生器则称为自激式超声波发生器。它激式超声波发生器产生的超声波振荡频率比较稳定,并且可以在较宽的频率范围内调节。自激式超声波发生器的结构比较简单,有利于实现频率的自动跟踪。

根据超声加工的需要,超声波发生器的波形可以是正弦波,也可以是非正弦波,但以正弦波最为多见。从结构上来看,正弦波振荡器就是一个没有输入信号的、带选频网络的正反馈放大器。图 2.10 (a) 表示接成正反馈时,放大器在输入信号 $\dot{X}_i = 0$ 时的方框图,简化一下,便得到图 2.10 (b)。由图 2.10 (b) 可知,如果在放大器的输入端 1 外接一定频率、一定幅度的正弦波信号 $\dot{X}_a$,经过基本放大器和反馈网络所构成的环路输出后,在反馈网络的输出端 2 得到反馈信号 $\dot{X}_f$。

选频网络可以用电阻 R、电容 C 元件组成,也可以用电感 L、电容 C 元件组成。用 R、C 元件组成选频网络的振荡器称为 RC 振荡器,用 L、C 元件组成选频网络的振荡器称为 LC 振荡器 [6]。RC 正弦波振荡器有桥式、双 T 网络式和移相式等类型。下面重点介绍桥式振荡器。图 2.11 是 RC 桥式振荡器的原理电路,这个电路由放大器和选频网络组成。

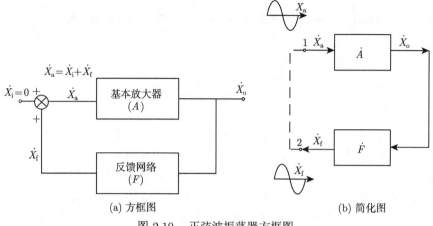

(a) 方框图   (b) 简化图

图 2.10　正弦波振荡器方框图

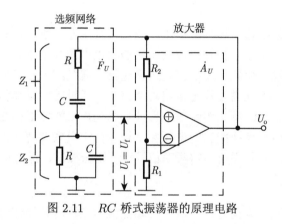

图 2.11　RC 桥式振荡器的原理电路

LC 选频放大器是 LC 正弦波振荡器的基础。在选频放大器中经常用到的谐振回路是图 2.12 所示的 LC 并联谐振回路，图 2.12 中的 R 表示回路的等效损耗电阻。LC 并联谐振回路的等效阻抗 Z 为

$$Z = \frac{\dfrac{1}{\mathrm{j}\omega C}\left(R + \mathrm{j}\omega L\right)}{\dfrac{1}{\mathrm{j}\omega C} + R + \mathrm{j}\omega L} \tag{2.9}$$

式中，$\omega = 2\pi f$，f 为频率。

在通常情况下，$R \ll \omega L$，所以

$$Z \approx \frac{-\dfrac{1}{\mathrm{j}\omega C}\mathrm{j}\omega L}{R + \mathrm{j}\left(\omega L - \dfrac{1}{\omega C}\right)} = \frac{-\dfrac{L}{C}}{R + \mathrm{j}\left(\omega L - \dfrac{1}{\omega C}\right)} \tag{2.10}$$

由式 (2.10) 可知，LC 并联谐振回路具有如下的特点。

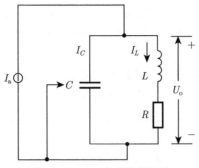

图 2.12 LC 并联谐振回路

回路的谐振频率为

$$\omega_0 = \frac{1}{\sqrt{LC}} \text{或} f_0 = \frac{1}{2\pi\sqrt{LC}} \tag{2.11}$$

谐振时，回路的等效阻抗为纯电阻性质，其值最大，即阻抗 Z_0 为

$$Z_0 = \frac{1}{RC} = Q\omega_0 L = \frac{Q}{\omega_0 C} \tag{2.12}$$

式中，Q 为回路品质因数。

$$Q = \omega_0 \frac{L}{R} = \frac{1}{\omega_0 CR} = \frac{1}{R}\sqrt{\frac{L}{C}} \tag{2.13}$$

Q 是用来评价回路损耗大小的指标，一般 Q 值在几十至几百范围内。

由振荡器的原理可以看出，振荡器实际为一种具有反馈的非线性系统，要精确计算是很困难的。因此，振荡器的设计通常是进行一系列的设计考虑和近似估算，选择合理的线路和工作点，确定元件的数值，而工作状态和元件的准确数量需要在调整、调试中最后确定[6]。

2.4.3 超声波放大器

超声波放大器是一种可放大交、直流信号的单通道电压放大器，其作用是将振荡信号放大至所需电平，达到最大输出功率，用以驱动某一特定的负载装置。放大部分可以是单级的，也可以是多级的，主要看输出功率的需要。目前工业上广泛使用的超声波放大器基本上是晶体管电路 [三极管、场效应管和绝缘栅双极型晶体管（insulated gate bipolar transistor，IGBT）器件]。与电子管放大器相比，晶体管放大器的优点是体积小、质量小、效率高。但是，由于受到方向击穿电压、最大集电极电流、最大集电极耗散功率参数的限制，通常一对晶体管的最大输出功率只能达到百瓦级。要提高晶体管放大器的输出能力，除了依赖高性能器件，还必须采用高效率的电路。

1. 晶体管超声波放大器

传统的甲类、乙类、丙类放大器把有源器件作为电流源进行工作。在这些放大器中，晶体管工作在伏安特性曲线的有源区。集电极电流受基极激励信号控制做相应变化，而集电极电压是正弦波或正弦波的一部分。因此集电极在信号的一个周期内同时存在颇大的电流和电压，要消耗相当一部分功率，这就是传统晶体管超声波放大器能量转换效率受限制的主要原因。

开关式（丁类）放大器在提高放大器效率方面有了质的改变，它把有源器件作为接通/断开的开关。晶体管工作在伏安特性曲线的饱和区或截止区。当晶体管被激励而接通时进入饱和区，断开时进入截止区。由于晶体管饱和压降很低，集电极功耗降到最低限度，从而提高了放大器的能量转换效率。

与其他放大电路（甲类、甲乙类、乙类及丙类）不同，丁类放大电路工作在开关状态，其输出为方波。只有在输出端加接一个谐振网络后，才能够得到正弦波。另外，这种电路的调制比较困难。上述这两点，在别的场合下会带来不便，而对超声波放大器却不会产生任何额外的问题。这是因为，超声波放大器的匹配回路本来就具有调谐功能，而加到超声波换能器上的电信号又不需要调制。因此，丁类放大电路在超声波放大器中应用很广，图 2.13 为最常见的电压型丁类放大器原理图。

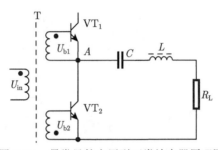

图 2.13　最常见的电压型丁类放大器原理图

在图 2.13 中，T 为输入变压器，它把输入的激励信号分成幅度相等而相位相反的两部分，分别送给两个功放管 VT_1 和 VT_2。激励信号可以是方波，也可以是正弦波，前者的效率更高一些。但无论激励信号是哪种波形，都必须保证把功放管驱入饱和状态。

2. 绝缘栅双极型晶体管放大器

绝缘栅双极型晶体管（IGBT）是 MOS 结构双极器件，属于具有功率的高速性能与双极的低电阻性能的功率器件，也是三端器件：栅极、集电极和发射极。IGBT 的应用范围一般都在耐压 600V 以上、电流 10A 以上、频率为 1kHz 以上的领域。IGBT 是一种 MOS 管与双极型晶体管结合的产物，既有 MOS 管开关频率高（40~50kHz）、驱动简单等优点，又有双极型晶体管导通压降小、耐压高、抗冲击能力强等优点。IGBT 多使用在工业用电机、民用小容量电机、变换器（逆变器）、照相机的频闪观测器、感应加热（induction heating）电饭锅等领域中。

3. 集成功率放大器

近年来，高保真音响集成电路的性能不断提高，其频响范围又覆盖了超声波波段，因此，采用高保真音响集成电路制作超声波放大器，可将系统的谐波失真降到万分之几，大幅度提高超声波放大器的品质。高保真音响集成电路的功率越做越大，单声道放大器的输出功率可达 400W 以上，多声道放大器的每路输出功率也可达 200W。功率集成电路内部损耗小，集成电路放大器比晶体管放大器性能更加稳定，可靠性、一致性更好，更适合工业化大批量生产，是今后超声波发生器发展的方向。采用大功率运算放大器制作超声波放大器，优点是外围电路简单，运算放大器温度漂移小，超声波输出稳定。

2.4.4 匹配电路

超声波发生器中的放大器与一般放大器的一个重要区别在于它的匹配电路部分。一般放大器与负载之间的匹配只牵涉阻抗变换，而超声波发生器与负载之间的匹配除了涉及阻抗变换，还需要调谐，即选用一定值的电抗元件，使之在工作频率上与负载中的电抗成分谐振。因此，超声波发生器与换能器匹配包括两个方面：一是通过匹配使发生器向换能器输出额定的电功率，把换能器的阻抗变换成最佳负载，也即阻抗变换作用；二是通过匹配使换能器输出效率最高，这是由于换能器有静电抗，会造成工作频率上的输出电压和电流有一定相位差，从而使输出功率得不到期望的最大输出，因此需在换能器输出端并上或串上一个相反的电抗，使换能器负载为纯电阻，也即调谐作用。由此可见，只有在同时进行了阻抗变换和调谐之后，整个系统才达到了匹配，换能器才能正常地工作。

超声波输出变压器是超声波发生器的重要部件，用于输出驱动压电换能器的激励信号，它的性能优劣将直接影响超声加工的可靠性和工作效果，分析与设计合理的超声波输出变压器，可为超声振动辅助加工系统的阻抗匹配提供保证。超声波发生器与换能器匹配的好坏将决定整个超声振动辅助加工系统的控制效果，因此，应该对匹配网络的每个参量，即超声波输出变压器匝数比、输出匹配电感进行严格的计算，主要包括以下几个方面。

1. 超声波输出变压器磁芯材料与尺寸

超声波输出变压器常用的磁芯材料有硅钢片、非晶合金、坡莫合金、铁氧体。磁芯材料要求有高的电阻率、适中的磁导率、较低的矫顽力。电阻率高，在高频下产生的涡流相对小，铁耗就小。磁导率高，能产生较高的磁感应强度，可以减小磁芯体积。磁芯矫顽力低，磁滞回环面积小，铁耗就小。

超声波输出变压器工作频率一般为 16~50kHz。对于这种工作频率的变压器磁芯，用铁氧体是比较理想的。但是，由于制造工艺上的困难，铁氧体不能做得太大。因此只能按照下述原则进行选择：对于 1kW 以上的超声波输出变压器，采用硅钢片制作磁芯；对于 1kW 以下的超声波输出变压器，采用铁氧体制作磁芯。铁氧体磁芯常用结构有 E 形、U 形和环形。E 形磁芯具有成本低、散热性能好、窗口面积大、绕制方便等优秀特点，故选择 E 形磁芯。

选择磁芯尺寸需要考虑很多变量，常用的方法有诺谟图法、面积乘积（AP）法和几何系数法（K_g）。面积乘积法可以求出磁芯窗口面积 A_w 与磁芯有效截面积 A_e 的乘积 AP，根据 AP 值查表得出所需的磁芯材料型号，进而确定磁芯的几何尺寸。AP 法设计简单，步骤明确，是高频变压器最常用的设计方法，故采用面积乘积法确定磁芯尺寸。

2. 超声波输出变压器漏感参数的确定

对于输出变压器来说，开路阻抗 R_0 和负载阻抗 R_H 之间的关系为 $R_0 > 5R_H$，漏感参数越大，分布电容越小；反之，漏感参数越小，分布电容越大。对于一般功放输出电路来

说，输出变压器的初级电感 L 和漏感 L_s 之间的关系为

$$\begin{cases} L \geqslant \dfrac{10R_e}{2\pi f} \\[3mm] L_s \leqslant \dfrac{L}{100} \end{cases} \tag{2.14}$$

式中，R_e 为末级功放管负载电阻。

输出变压器漏感参数除了满足电路的基本要求，还必须满足以下与绕制工艺有关的表达式

$$\begin{cases} L = \dfrac{0.4\pi \mu A_c N_1^2}{10^8 L_C} \\[3mm] L_s = \dfrac{0.4\pi l_0 N_1}{10^8 m^2 h}\left(G_1 + G_2 + \dfrac{\delta_1 + \delta_2}{2}\right) \end{cases} \tag{2.15}$$

式中，G_1、G_2 分别为线圈初级、次级绝缘层厚度，mm；δ_1、δ_2 分别为线圈初级、次级厚度，mm；L_C 为磁路长度，mm；h 为线圈的长度，mm；l_0 为线圈平均匝长，mm；m 为分段数；A_c 为铁芯截面积，mm；μ 为磁导率；N_1 为线圈初级匝数。

3. 超声波输出变压器匝数比的确定

线圈的每伏匝数为

$$\frac{T}{U} = \frac{10^8}{4.44 B A_c f} \tag{2.16}$$

式中，B 为磁感应强度。

初级电压

$$U_1 = \sqrt{P Z_{pp}} \tag{2.17}$$

初级匝数

$$N_1 = \frac{T}{U} U_1 \tag{2.18}$$

次级电压

$$U_2 = \sqrt{P_0 Z_0} \tag{2.19}$$

次级匝数

$$N_2 = \frac{T}{U} U_2 \tag{2.20}$$

式中，P 为末级功放电路输出功率；P_0 为负载上的输出功率；Z_{pp} 为输出变压器的初级阻抗；Z_0 为输出变压器的输出阻抗。

4. 超声波输出变压器线圈绕线原则

超声波输出变压器要在 16~50kHz 范围内工作, 当导线中通过交流电时, 会产生趋肤效应。趋肤效应和邻近效应使线圈导线截面上的电流密度不均匀, 绝大部分电流集中在导线表面, 这实际上减小了导线的有效截面, 增加了绕组的交流电阻, 变压器的损耗自然随之增大。变压器这种损耗的增大会使其发热, 严重的还会导致线圈热击穿。增加导线宽度可以减少线圈的铜耗, 但不能同时增加线圈的层数。变压器工作在高频时, 趋肤效应影响更大。因此, 在选择绕组线径时必须考虑趋肤效应引起的有效截面的减小, 尽量采用多股细铜线并在一起绕制来增大导线的表面积。另外, 绕组导线外有绝缘, 各绕组之间、各层之间都有相应的绝缘材料, 超声波输出变压器线圈绝缘的问题, 在整个变压器的结构中占有极其重要的地位, 1kW 以上的输出变压器的绝缘问题尤其突出。大量实验结果表明, 聚酯薄膜作为超声波输出变压器的绝缘层是一种理想的材料。

5. 超声波发生器与换能器的匹配实例

超声波发生器与换能器的匹配包括两方面的内容: 一是发生器的输出阻抗与换能器的动态阻抗一致; 二是在额定输入电功率条件下, 使换能器输出的声功率最大。阻抗匹配首先应准确测量换能器的动态阻抗及其变化范围, 然后合理选择发生器的输出阻抗和匹配回路的元件值, 用逐步逼近的方法, 通过反复测试, 即可实现发生器与换能器之间的匹配。下面分析超声波发生器与压电换能器之间的匹配问题。

现举例说明一个输出功率最大能达到 2200W, 工作频率为 20kHz 的超声波发生器与压电换能器的匹配问题。

压电换能器的等效电路由梅森等效电路简化而来, 如图 2.14 所示, 等效电路中的 C_0 是因换能器被夹持而产生的静态电容, 一般数量级为纳法, 在换能器工作时几乎不变; R_0 是换能器静态电阻, 一般是由换能器内的压电陶瓷内部介质损耗引起的, 通常其数量级在兆欧以上, 所以可以忽略不计; 换能器静态电容和静态电阻可以直接通过 LCR 分析仪检测得到, 在压电换能器工作过程中, 这两个电学参数保持不变。L_1 代表压电换能器的动态电感, C_1 代表其动态电容, R_1 代表其动态电阻, 这三个参数是压电换能器的机械损耗、机械顺性和质量等效折算到电学上的参数, 并不是真正的电学量。一般来说, C_0 所在的支路称作并联支路, L_1、C_1 和 R_1 所在的支路称作串联支路。本书研究的压电换能器测量的相关参数: $L_1 = 66.8718\text{mH}$; $C_1 = 883.438\text{pF}$; $R_1 = 11.3258\Omega$; $C_0 = 7.82161\text{nF}$。

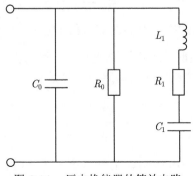

图 2.14　压电换能器的等效电路

压电换能器在串联谐振时的等效阻抗为

$$Z_\text{S} = \frac{R_1}{1 + \omega^2 C_0^2 R_0^2} - \text{j}\frac{\omega C_0 R_1^2}{1 + \omega^2 C_0^2 R_1^2} \tag{2.21}$$

在加入电感 L 进行串联电感匹配后，整个电路的阻抗为

$$Z_\text{S} = \frac{R_1}{1 + \omega_\text{S}^2 C_0^2 R_1^2} - \text{j}\left(\omega L - \frac{\omega C_0 R_1^2}{1 + \omega_\text{S}^2 C_0^2 R_1^2}\right) \tag{2.22}$$

式中，$\omega_\text{S} = \dfrac{1}{\sqrt{L_1 C_1}}$，为使压电换能器回路对外呈现纯阻性，等效阻抗的虚部必须为 0，由此可计算出串联电感匹配时的匹配电感值：

$$L = \frac{C_0 R_1^2}{1 + \omega_\text{S}^2 C_0^2 R_1^2} \tag{2.23}$$

将各变量的具体数值代入式 (2.23) 可计算得出等效电路匹配电感的值，第一个共振（$f_1 = 20.675\text{kHz}$）时：$L_0 = 1.003\mu\text{H}$。

此时整个电路的等效阻抗为

$$Z_\text{S} = \frac{R_1}{1 + \omega_\text{S}^2 C_0^2 R_1^2} = 11.3243\Omega$$

设超声波输出变压器的初级、次级线圈匝数分别为 N_1 和 N_2，变压器原边的等效负载为 Z_1，压电换能器在串联谐振时的等效阻抗为 Z_2，则高频变压器变比 n（n 称为变压比或者匝数比，简称变比）为

$$n = \frac{N_1}{N_2} = \left(\frac{Z_1}{Z_2}\right)^{\frac{1}{2}}$$

超声波发生器采用全桥逆变电路，设输入的直流电压幅值为 U_1，则全桥逆变电路输出的方波电压幅值为 $U_0 = U_1$，对 U_0 进行傅里叶变换后，得到全桥逆变电路输出方波电压基波的幅值 $U_{01\text{m}} = \dfrac{4U_\text{d}}{\pi} = 1.27U_0$，基波的有效值 $U_{01} = \dfrac{2\sqrt{2}U_0}{\pi} = 0.9U_0$。

当超声波发生器电压恒定时，负载阻抗决定了电源的输出功率，假定变压器原边等效负载的功率为 P_1，由此可求得高频变压器原边的等效负载 Z_1 为

$$Z_1 = \frac{U_{01}^2}{P_1} = \frac{8U_0^2}{\pi^2 P_1}$$

按照最大输出电压进行设计，220V 工频交流电经过桥式整流滤波电路后转变为幅值为 210V 的直流电，故 U_0 最大值为 210V。

假设设计的超声波发生器最大输出功率 P_0 为 2200W，高频变压器和功率开关管的损耗不能忽视，为确保超声波发生器的额定输出功率，需留出一定的裕量，裕量取 1.2 倍，故取 P_1 为 2640W，因此高频变压器的原边等效负载 Z_1 经计算为

$$Z_1 = \frac{8 \times 210^2}{\pi^2 \times 2640} \approx 13.5402\Omega$$

上面对压电换能器串联谐振进行了分析，经调谐匹配后，其等效阻抗 Z_2 为

$$Z_2 = \frac{11.3258}{1 + \left(\frac{1}{\sqrt{66.8718 \times 10^{-3} \times 883.438 \times 10^{-12}}} \times 7.82161 \times 10^{-9} \times 11.3258 \right)^2}$$

$$\approx 11.3243\Omega$$

故计算得出变压器初级、次级线圈的匝数比为

$$n = \left(\frac{13.5402}{11.3243} \right)^{\frac{1}{2}} \approx 1.09$$

全桥逆变电路的输入电压为 0~210V 的直流电，经过变压器后变成 0~230V 的方波信号，再经过调谐电感使其变成装置所需的正弦信号。经阻抗变换之前，超声波发生器的等效内阻 Z_1 为 13.5402Ω，调谐匹配后的压电换能器回路等效阻抗 Z_2 为 11.3243Ω，经高频变压器阻抗变换后，超声波发生器的等效负载为 $n^2 Z_2$，即 13.45Ω，此时超声波发生器的等效内阻和等效负载相差 0.0902Ω，达到阻抗变换的效果，考虑到负载在实际工作状态下的有关参数与实际测量之间存在偏差，输出变压器的实际确定应以此分析为基础，进行逐步逼近验算确定。

2.4.5 频率自动跟踪

换能器在大多情况下用于负载变动剧烈的场合。即使在负载比较稳定的情况下，换能器以及与之配合使用的变幅杆、刀具的参数也会因为发热、老化、磨损、疲劳等原因而发生变化，这些都会使得换能器的谐振频率发生改变。如果超声波发生器的工作频率不随之而变化，换能器将工作在失谐状态而使效率降低，甚至停振。因此，需要采取某种措施使超声波发生器的振荡频率随着换能器的谐振频率做相应的变化，以保证换能器始终工作在谐振状态，这就是频率自动跟踪。

根据频率自动跟踪的原理，需要采集负载系统变化的频率，调节换能器激振信号的频率，从而实现频率自动跟踪。为此，可以从换能器的电端或声端采集反映换能器谐振特性的信号，用采集到的信号控制超声波发生器的振荡频率，或者直接用此信号激振，这样，可以使超声波发生器的工作频率与换能器的谐振频率始终保持一致。从换能器电端采集信号的方法称为电反馈法，从声端采集信号的方法称为声反馈法。声反馈法目前很少采用。电反馈法有几种实现方式，下面主要介绍电流反馈法和锁相法。

（1）电流反馈法。如图 2.15 所示，采样电阻 r 对流经换能器的电流采样，此采样信号被反馈至换能器的输入端激振。在正常工作条件下，即超声波发生器的振荡频率等于换

能器的机械谐振频率时，r 上的电压与超声波发生器的输出电压同相，振荡条件得以满足。一旦换能器的谐振频率改变，r 上的电压就不再与输出电压同相，原有的振荡条件被破坏。重新建立起来的振荡仍将满足 r 上的电压与输出电压同相，这意味着超声波发生器的振荡频率已随换能器的谐振频率而变化。这种方法最为简单，但跟踪灵敏度不高。

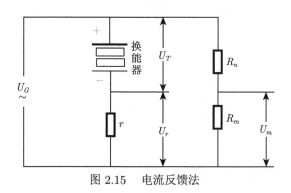

图 2.15　电流反馈法

（2）锁相法。当换能器谐振且与超声波发生器匹配时，其输入特性（包括匹配电抗元件在内）相当于一个纯电阻。此时，加于其上的电压与流过的电流同相。一旦换能器的谐振频率改变，此电压与电流之间就会有一个相位差。锁相法的原理就是检测出这个相位差的大小和符号，用此偏差信号去调节振荡器的频率，使相位差减小，直至被锁定为零。图 2.16 给出了这种方法的原理框图，图中的 VCO 为压控振荡器。

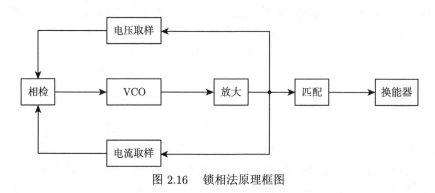

图 2.16　锁相法原理框图

锁相法的关键是获得电压与电流之间的相位差，可通过设计相位检测器，用相位检测器的输出信号去控制振荡，就能改变其振荡频率直至相位差减小到零，由此达到频率自动跟踪的目的。

2.4.6　数字电路超声波发生器

模拟控制电路存在控制精度低、动态响应慢、参数整定不方便、温度漂移严重、容易老化等缺点。专用模拟集成控制芯片的出现大大简化了电力电子电路的控制线路，提高了控制信号的开关频率，只需外接若干阻容元件即可直接构成具有校正环节的模拟调节器，提高了电路的可靠性。但是，也正是由于阻容元件的存在，模拟控制电路的固有缺陷，如元件参数的精度和一致性、元件老化等问题仍然存在。此外，模拟集成控制芯片还存在功耗较大、集成度低、控制不够灵活、通用性不强等问题。

用数字化控制代替模拟控制，采用数字电路超声波发生器，可以消除温度漂移等常规模拟调节器难以克服的缺点，有利于参数整定和变参数调节，便于通过程序软件的改变方便地调整控制方案和实现多种新型控制策略，同时可减少元器件的数目、简化硬件结构，从而提高系统的可靠性。此外，还可以实现运行数据的自动储存和故障自动诊断，有助于实现超声波发生器的智能化。

超声波发生器应用数字化控制技术一般有三种形式。

1. 采用单片机控制

单片机是一种集成了 CPU、RAM/ROM、定时器/计数器和 I/O 接口等单元的微控制器，具有速度快、功能强、效率高、体积小、性能可靠、抗干扰能力强等优点，在各种控制系统中应用广泛。单片机的 CPU 经历了由 4 位、8 位、16 位、32 位直至 64 位的发展过程，主要以美国 Intel 公司生产的 MCS-51（8 位）和 MCS-96（16 位）两大系列为代表。在超声波发生器中，单片机主要用于数据采集、运算处理、电压/电流调节、脉宽调制（pulse width modulation，PWM）信号的生成、系统状态监控和故障自我诊断等，一般作为整个电路的主控芯片运行，完成多种综合功能，配合 D/A 转换器和 MOSFET 功率模块实现 PWM。另外，单片机还具有对过流、过热、欠压等情况的中断保护及监控功能。

单片机控制克服了模拟电路的缺陷，通过数字化的控制方法，得到高精度和高稳定度的控制特性，并可实现灵活多样的控制功能。但是，单片机的工作频率与控制精度是一对矛盾，而且处理速度也很难满足高频电路的要求，这就使人们转而寻求功能更强的芯片，于是数字信号处理器（digital signal processor，DSP）应运而生。

2. 采用数字信号处理器控制

数字信号处理器 (DSP) 是新一代可编程处理器，其内部集成了波特率发生器和先进先出缓冲器，提供高速同步串口和标准异步串口，有的芯片内还集成了采样/保持和 A/D 转换电路，并提供 PWM 信号输出。与单片机相比，DSP 具有更快的 CPU，更高的集成度和更大容量的存储器。

DSP 属于精简指令系统计算机，大多数指令都能在一个周期内完成并可通过并行处理技术，在一个指令周期内完成多条指令，同时，DSP 采用改进的哈佛结构，具有独立的程序和数据空间，允许同时存储程序和数据。内置高速的硬件乘法器，增加了多级流水线，使其具有高速的数据运算能力。而单片机为复杂指令系统计算机，多数指令要 2 个机器周期才能完成。单片机采用冯·诺依曼结构，程序和数据在同一空间存储，同一时刻只能单独访问指令或数据。单片机的算术逻辑单元（arithmetic logic unit，ALU）只能做加法，而乘法则需要由软件来实现，因而需要占用较多的指令周期，速度比较慢。与 16 位单片机相比，DSP 执行单指令的时间快 8~10 倍，一次乘法运算时间快 16~30 倍。

在超声波发生器中，DSP 可以完成除功率变换以外的所有功能，如主电路控制、系统实时监控及保护、系统通信等。虽然 DSP 有许多优点，但是它也存在一些局限性，如采样频率的选择、PWM 信号频率及其精度、采样延时、运算时间及精度等，这些因素会或多或少地影响电路的控制性能。

　　3. 采用现场可编程门阵列控制

　　现场可编程门阵列 (field programmable gate array，FPGA) 属于可重构器件，其内部逻辑功能可以根据需要任意设定，具有集成度高、处理速度快、效率高等优点。其结构主要分为三部分：可编程逻辑块、可编程 I/O 模块、可编程内部连线。由于 FPGA 的集成度非常大，一片 FPGA 少则几千个等效门，多则几万或几十万个等效门，所以一片 FPGA 就可以实现非常复杂的逻辑功能，替代多块集成电路和分立元件组成的电路。它借助于硬件描述语言来对系统进行设计，采用三个层次的硬件描述和自上至下 (从系统功能描述开始) 的设计风格，能对三个层次的描述进行混合仿真，从而可以方便地进行数字电路设计，在可靠性、体积、成本上具有相当大的优势。比较而言，DSP 适合在取样速率低和软件复杂程度高的场合中使用；而当系统取样速率高 (兆赫兹级)、数据率高 (20MB/s 以上)、条件操作少、任务比较固定时，FPGA 更有优势。

2.4.7　超声波发生器的特点

　　一般超声波发生器应具有以下特点。

　　（1）自动频率跟踪：设备一旦完成初始设置，就可以连续作业而无须对发生器进行调节。

　　（2）自动振幅控制：当换能器在工作过程中其负载特性发生变化时，能自动调整驱动特性，从而确保刀具得到稳定的振幅。

　　（3）系统保护：确保系统在正确操作条件下具备强大的可靠性，当系统在不适宜的操作环境 (如过热、过流、过压、欠压、系统错误等) 下工作时，发生器将停止工作并报警显示，以保护发生器和其他系统组件不被损坏。

　　（4）振幅调整：振幅可在工作过程中瞬间增加或减少，振幅的设置范围为 0%～100%。

　　（5）自动频率搜索：可以自动测定刀具的工作频率并储存。

2.5　超声振动辅助加工装置

　　超声振动辅助加工装置主要包括换能器、变幅杆、刀具（工具头），其结构示意图如图 2.17 所示。其作用是将由超声波发生器输出的高频电信号转变为机械振动能，并通过变幅杆使刀具做小振幅的高频振动，辅助刀具完成各种加工。

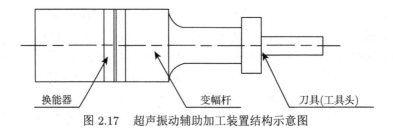

图 2.17　超声振动辅助加工装置结构示意图

2.5.1 超声换能器

超声换能器是整个超声振动辅助加工系统中能量输入转化的关键部件，是把超声频电能转化为机械能的一种装置。不同的换能器其原理也不尽相同，但换能器的主要作用是将输入的激励信号通过某种形式的能量转换为高频机械振动的机械能，并将输出的高频机械振动传递给变幅杆结构。用于机械振动加工的换能器根据其能量转换的原理不同，主要可以分为两大类：压电换能器和磁致伸缩换能器。磁致伸缩换能器具有机械强度高、工作频率范围宽、容易匹配等优点，但是在电声转换效率上比压电换能器低很多，且成本很高；基于其研究程度和应用成熟度，压电换能器的成本较低、效率高、适应性好和波形的频率范围广，无论是从可靠性还是其适用范围上，磁致伸缩换能器在许多领域都已经被压电换能器取代。因此压电换能器得到了广泛的应用。

1. 磁致伸缩换能器

磁致伸缩效应是指铁、钴、镍及其合金，或铁氧体等材料的长度可随所处磁场强度的变化而伸缩的现象，磁致伸缩换能器就是基于铁磁性材料的磁致伸缩效应制成的。其内部的磁畴会在外磁场的作用下，逐步整体呈现一定的趋势排布。当外界的磁场再次发生变化时，其内部的整体呈现一定趋势排布的磁畴在磁场作用下会产生一定的应力，在该应力作用下会使换能器整体呈现体积上的变形，故而产生机械振动的过程。

2. 压电换能器

压电换能器主要利用压电材料的压电效应进行能量转化。压电效应 (piezoelectric effect) 是指石英晶体、压电陶瓷等压电材料在外力作用下发生伸缩变形时，在压电材料的两边端面上产生电荷积累，而形成一定的电势。相反，改变压电材料两端面上的电压，会产生伸缩变形的现象。压电效应可分为正压电效应和逆压电效应：①正压电效应，是指当压电材料受到某固定方向外力的作用时，内部产生电极化现象，同时在某两个表面上产生符号相反的电荷；当外力撤去后，压电材料又恢复到不带电的状态；当外力作用方向改变时，电荷的极性也随之改变；压电材料受力所产生的电荷量与外力的大小成正比。②逆压电效应，是指对压电材料施加交变电场引起压电材料机械变形振动的现象，又称电致伸缩效应。当外加交变电压的频率与晶片的固有频率 (决定于压电材料的尺寸) 相等时，机械振动的幅度将急剧增大，这种现象称为 "压电谐振"，利用逆压电效应，对压电材料施加一定的交变电压信号，可以使它产生形变而推动空气发出声音。压电陶瓷内部的正压电效应和逆压电效应示意图如图 2.18 所示。

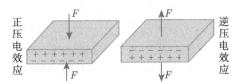

图 2.18 压电陶瓷内部的正压电效应和逆压电效应示意图

根据压电材料不同方向的不同特性可设定其三个方向的坐标轴，不同结构中的各方向如图 2.19 所示。图 2.19 中的 z 轴平行于其轴线方向，称为光轴；与其垂直同时通过一棱

线的 x 轴，称为电轴；根据笛卡儿坐标系定则，由上述确定的电轴和光轴即可确定另外一个 y 轴，称为机械轴。一般根据其载荷或形变方向不同可以分为"纵向压电效应"和"横向压电效应"，前者载荷沿电轴方向施加，后者载荷沿机械轴方向施加；但是当存在一作用力沿光轴方向施加在压电材料上始终没有表面电荷的产生时，在该方向上无法产生压电效应。

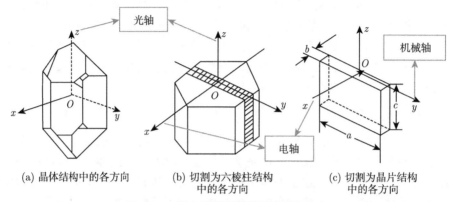

(a) 晶体结构中的各方向　　　(b) 切割为六棱柱结构　　　(c) 切割为晶片结构
　　　　　　　　　　　　　　　　　中的各方向　　　　　　　中的各方向

图 2.19　压电材料不同结构中的各方向

压电材料未极化时，其内部电畴分布散乱，如图 2.20 所示，即呈现随机分布。此时整体不显电性且无论对其任何方向施加作用力，其表面都不会产生电荷，即未极化时不具备压电效应。

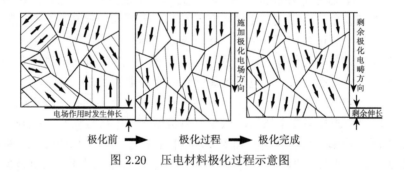

极化前　━━▶　极化过程　━━▶　极化完成

图 2.20　压电材料极化过程示意图

原来散乱分布的电畴在外部施加的极化电场作用下，其内部电畴逐步趋向于外加极化电场的方向，并在极化过程中使其在极化方向上有一定程度的伸长；在去掉所施加的极化电场之后，其内部电畴方向基本上与极化电场方向趋于一致。

由于极化后的电畴方向与极化方向基本趋于一致，当其沿极化方向即施加极化电场的方向（电轴）施加压力时，会导致其原本处于平衡状态的电荷发生移动，致使上表面具有正电势电荷，下表面具有负电势电荷，从而使压电材料整体呈现出一定的电势差。相对地，如果沿图 2.19 中的 y 轴即机械轴方向施加压力，会导致其内部晶体呈现出与上述载荷情况不同的电荷移动情况。形变使极化后的压电材料产生电极化的现象称为"正压电效应"。相反地，如果施加在极化后的压电材料表面上的为沿其极化方向的电压，就会由于外加的电场作用导致内部电荷按照一定方向移动，从而导致压电材料产生一定方向上的变形，此即

"逆压电效应"。超声振动辅助加工装置主要应用压电材料的逆压电效应激励装置产生振动。

压电换能器的最简单形式是一个两面镀有银层的、圆形或方形的压电陶瓷薄片，镀有银层的两面称为换能器的电极，当把一定频率的交流信号施加到换能器的两个电极上以后，压电陶瓷薄片的厚度将随着交流电场的频率变化而变化。在实际应用中，压电换能器的结构形式是多种多样的，有时为了改善压电换能器的共振特性，可以在压电陶瓷元件的两面附加质量元件或一些特殊的阻尼材料。

在超声振动辅助加工的各种应用中，压电换能器基本上常采用厚度振动模式、径向振动模式和纵向振动模式。压电换能器的振动模式由陶瓷元件的极化方向和电激励方向决定，同时也与陶瓷材料的几何形状和尺寸有关系。利用压电陶瓷的压电效应，可以设计制作各种用途的压电器件，其中最主要的机理就是利用压电陶瓷片的谐振特性。由于压电陶瓷片是一种弹性体，因此，存在谐振频率。当外界作用力的频率等于压电陶瓷片的谐振频率时，由压电陶瓷片组成的压电振子的振幅最大，弹性能量也最大。

由于压电陶瓷的抗拉强度低（抗压强度高），因此在有的场合不能直接用于发射大功率。比如，在功率超声领域，常采用一种在压电陶瓷圆片的两端夹以金属块而组成的夹心式压电陶瓷换能器，或称为复合压电陶瓷换能器，通过把压电陶瓷夹持在两个金属块之间，夹持给压电陶瓷一定的预紧力。由于这种结构的换能器是由法国物理学家朗之万提出来的，因此也称为朗之万换能器。

夹心式压电陶瓷换能器是由前盖板、压电陶瓷片、电极片、后盖板、绝缘管和螺杆组成的，其结构示意图如图 2.21 所示。夹心式结构一是可以保证换能器产生的大部分能量最大可能地从纵向前表面辐射出去；二是前盖板相当于一个阻抗变换器，能够将负载阻抗加以变换以保证压电陶瓷片所需的阻抗，进而提高换能器的发射效率，保证一定的频带宽度。前盖板的常用形状有圆柱形、圆锥形、指数形及各种复合形状等，前盖板一般为变幅杆的一部分，且一般选用阻抗小的材料。夹心式压电陶瓷换能器后盖板的主要功能是将换能器所产生的能量尽可能小地从换能器后表面辐射出去，提高能量向前传递的效率，后盖板的形状比较单一，一般是圆柱形且选用阻抗大的金属材料[8]。

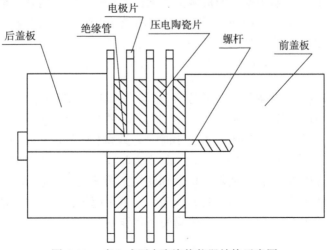

图 2.21 夹心式压电陶瓷换能器结构示意图

2.5.2　变幅杆

变幅杆连接换能器与刀具，又称超声变速杆、超声聚能器，其外形通常为变截面杆，是超声加工处理设备中超声振动系统的重要组成部分之一。在超声振动辅助加工系统工作过程中，由压电换能器辐射面所产生的振动幅度较小，当工作频率在 20kHz 范围内时压电换能器辐射面的振幅只有几微米，而在超声加工、超声焊接、超声搪锡、超声破坏细胞、超声金属成型（包括超声冷拔管丝和铆接）等大量高强度超声应用中所需要的振幅为几十至几百微米，所以必须借助变幅杆的作用将机械振动质点的位移量和运动速度进行放大，并将超声能量聚集在较小的面积上，产生聚能作用。

常用的变幅杆有阶梯形、圆锥形、指数形、悬链线形等几种。变幅杆沿长度上的截面变形是不同的，但杆上每一截面的振动能量是不变的，截面越小，能量密度越大，振动的幅值就越大。为了获得较大的振幅，应使变幅杆的固有频率与外部激励振动频率相等，处于共振状态，为此，设计制造变幅杆时，应使其长度等于超声振动波的半波长或其整数倍。

变幅杆还可以作为机械阻抗变换器，在换能器和负载之间架起桥梁，进行阻抗匹配，使超声能量更有效地从换能器向负载传输。此外，在超声加工处理设备的结构工艺上，通常在变幅杆或半波长等截面杆（即振幅放大倍数等于 1）的波节平面处加带一个法兰盘，利用法兰盘将超声振动辅助加工系统固装在超声设备上，变幅杆的结构示意图如图 2.22 所示。

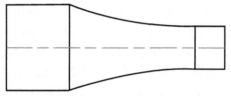

图 2.22　变幅杆的结构示意图

因此，变幅杆主要作用如下：①通过变幅杆节点处法兰盘将装置进行固定，在不影响系统共振频率的前提下减小能量的损耗；②进行机械阻抗匹配，使机械振动能够有效地向加工工具传递；③将换能器转换后的机械振动进行放大和聚能以达到后续加工要求。此外，在向高温介质或腐蚀介质辐射超声能量时，还可以借助变幅杆把换能器与恶劣环境隔离开，使换能器避免被腐蚀，减少受到热的影响。

2.5.3　刀具

超声波的机械振动经变幅杆放大后传给刀具，刀具以一定的能量冲击工件，并加工出一定尺寸和形状，刀具可以是磨料刀具、车削刀具、铣削刀具、强化刀具等。刀具的形状和尺寸取决于工件表面，当工件表面积较小时，刀具和变幅杆可以做成一个整体，否则可以将刀具用螺纹连接固定在变幅杆末端。刀具不大时，可以忽略刀具对超声振动辅助加工系统的影响，刀具较重时，会降低超声振动辅助加工系统的共振频率。刀具较长时，可以考虑通过修正变幅杆进行补偿，以满足共振条件。整个超声振动辅助加工系统的各个部分应接触紧密，否则超声波在传递过程中将损失很多能量。

2.6 电能传输装置

超声振动辅助加工装置既可以用于工件旋转的车削等加工工艺中，也可以用于刀具旋转的铣削、钻削等加工工艺中。在刀具旋转的加工工艺中，超声振动辅助加工装置工作时，需要提供激励电压驱动压电换能器产生振动。电能传输装置将超声波发生器产生的高频电信号传输给旋转的超声振动辅助加工装置，驱动压电换能器产生振动，即实现在相对旋转件之间的超声电能传输。按照电信号传输方式的不同，电能传输装置可分为接触式电能传输装置和非接触式电能传输装置两类。

（1）接触式电能传输装置采用类似于直流电机的结构形式进行电信号的传输，通过碳刷和导电滑环实现电能在旋转物体之间的传输，接触式导电滑环结构如图 2.23（a）所示。但是这种方法是接触式传输方式，装置的转速受到了很大的限制，且碳刷摩擦产生的热量无法避免，致使装置无法长时间使用且电能传输很不稳定。接触式电能传输装置应用于超声振动辅助加工装置的结构示意图如图 2.24（a）所示。在图 2.24（a）中，超声振动辅助加工装置通过锥柄与机床的旋转主轴连接，超声振动辅助加工装置中换能器的供电在碳刷和导电滑环间传输。

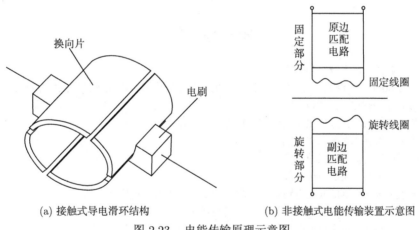

(a) 接触式导电滑环结构   (b) 非接触式电能传输装置示意图

图 2.23　电能传输原理示意图

（2）非接触式电能传输装置基于电磁感应原理、电磁微波原理及谐振耦合原理等实现电能传输，以避免接触式电能传输装置的问题。因此，其被设计成可分离的轴向环槽式分布结构。固定部分由固定磁芯、固定线圈、原边匹配电路组成，如图 2.23（b）所示；旋转部分由旋转磁芯、旋转线圈、副边匹配电路组成。原边匹配电路接收超声波发生器产生的超声频电振荡信号，固定磁芯和旋转磁芯之间的交变磁场使旋转线圈之间生产新的电能，产生的新电能通过周边的仪器传至超声波所拥有的特殊装置换能器。

非接触式电能传输装置应用于超声振动辅助加工装置的结构示意图如图 2.24（b）所示。图 2.24（b）显示了电能传输装置原、副边结构（轴向布置、径向布置）。通过这种非接触式装置，可以提高电能传输频率、转速，并且电能传输过程中无摩擦热，但是其安装和装配过程要求较为严格。

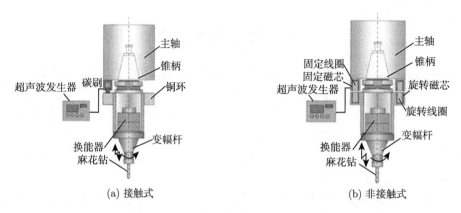

图 2.24   电能传输装置应用于超声振动辅助加工装置的结构示意图

与接触式电能传输装置相比，非接触式电能传输装置避免了碳刷-导电滑环机构产生积碳和打火现象，以及需要经常更换碳刷等问题。非接触式电能传输装置工作更加稳定可靠，传输电能功率更高。接触式电能传输装置可用于大功率能量传输，且传递效率高；采用非接触式电能传输装置的超声振动辅助加工系统与自动化机床可集成度高，便于自动化加工 [6]。

思 考 题

2.1 真空中能否传播声波？为什么？

2.2 频率为 500Hz 的声波，在空气、水和钢中的波长分别为多少？（已知空气中的声速是 340m/s，水中的是 1483m/s，钢中的是 6100m/s）

2.3 超声波空化效应在超声振动辅助切削加工中有何作用？

2.4 驻波和共振有什么联系和区别？

2.5 简述超声振动辅助加工的原理。

2.6 超声波发生器的实现原理是什么？

2.7 给出超声波发生器的匹配电路设计过程和频率自动跟踪实现原理。

2.8 在超声振动辅助加工装置中变幅杆的作用是什么？

2.9 试给出夹心式压电陶瓷换能器的结构形式，并说明各部分的作用。

第 3 章　超声振动辅助钻削加工装置的设计

3.1　超声振动辅助加工的类型

超声振动辅助加工在传统加工过程中，通过施加高频振动改变刀具和工件之间的相互作用，优化和改善工件材料的加工性能，以提高加工工件的加工质量。根据振动模式的复合程度，超声振动辅助加工分为超声单向振动辅助加工和超声复合振动辅助加工。其中超声单向振动（一维超声振动）辅助加工可以分为超声纵向振动辅助加工、超声扭转振动辅助加工、超声弯曲振动辅助加工等几种类型，其振动方式如图 3.1 所示。超声纵向振动辅助加工是指在加工过程中，施加一个沿轴线方向的超声频振动在加工刀具上，如图 3.1（a）所示；超声扭转振动辅助加工是指在垂直于轴线的平面内施加一个扭转振动，使刀具在该平面内产生一个超声频的扭转，如图 3.1（b）所示；超声弯曲振动辅助加工则是指在垂直于轴线方向上施加一个弯曲振动，以使刀具能够在垂直于轴线方向上存在一个超声频弯曲，如图 3.1（c）所示。

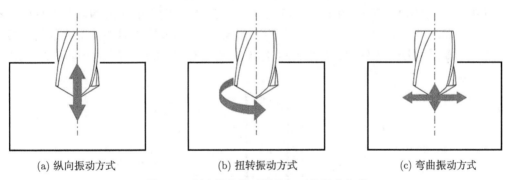

(a) 纵向振动方式　　　　　　　　(b) 扭转振动方式　　　　　　　　(c) 弯曲振动方式

图 3.1　超声单向振动辅助加工的振动方式

超声复合振动辅助加工就是将上述几种类型的单向振动复合后，施加于刀具，使其具有复合的振动形式，如纵弯复合振动、纵扭复合振动、弯扭复合振动等形式。三种常用的超声复合振动辅助加工类型：超声纵弯振动辅助加工、超声纵扭振动辅助加工及超声弯扭振动辅助加工，如图 3.2 所示。

相比于超声纵向振动辅助加工，超声纵弯振动辅助加工是在纵向振动辅助加工的基础上复合扭转振动，即在其轴向超声频振动的基础上附加一个径向的超声频振动，将这种复合振动形式应用在切削加工工艺中，使刀具与工件之间具有更高的相对速度和相对加速度，从而在相对较低的加工速度下达到高速切削的效果，同时在进行切削加工时较大程度地降低加工过程中的切削力，获得较高的加工质量和精度。因此，复合振动相比单向振动具有更明显的优势。

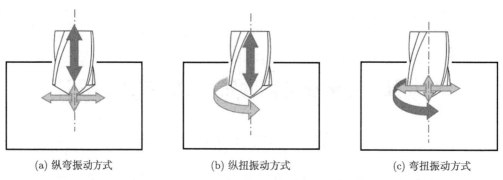

(a) 纵弯振动方式   (b) 纵扭振动方式   (c) 弯扭振动方式

图 3.2   三种常用的超声复合振动辅助加工类型

  超声复合振动施加在刀具上将形成空间椭圆振动加工轨迹，此时刀具加工工件的振动轨迹可以是二维平面椭圆或三维空间椭圆，采用这种形式的振动辅助加工装置进行的加工称为二维超声振动椭圆加工或三维超声振动椭圆加工。在实际产生的椭圆振动中，一般通过特定的结构使两个或两个以上的单向超声振动复合形成二维平面或三维空间内的超声椭圆振动，复合振动传递到刀具位置用于超声振动切削。常用的椭圆振动切削加工一般是指通过在刀具的切削方向和切深方向输入一定周期的激励信号，经合成后刀具在切深方向和切削方向组成的平面内形成椭圆形状的运动轨迹，在切削过程中刀具的椭圆运动使其与工件、切屑周期性地接触、分离，最终达到材料去除的目的。

  以图 3.3 为例说明超声椭圆振动辅助切削加工原理，图中的虚线为刀具的椭圆运动轨迹。如图 3.3 所示，P_0 为该轨迹周期的起始点，P_1 为该轨迹周期与工件的初始接触点，P_2 为该轨迹周期与工件的分离点，P_3 为该轨迹周期的结束点。L_1 为 P_0 和 P_1 之间的

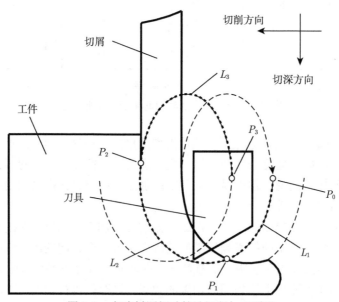

图 3.3   超声椭圆振动辅助切削加工原理

切削轨迹，在此轨迹内的切削过程中，由于前一个周期的切屑残留，刀具不对工件产生切削作用；L_2 为 P_1 和 P_2 之间的切削轨迹，刀具与工件接触，工件材料被刀具切除；L_3 为 P_2 和 P_3 之间的切削轨迹，在此轨迹内刀具与工件再次分离，不对工件产生切削作用。由此可见，在超声椭圆振动辅助切削加工的一个周期内，只有在 L_2 轨迹内刀具与工件接触并切削工件，而在 L_1 和 L_3 轨迹内，刀具与工件是分离的，不对工件发生实际切削作用，在此过程中切削热得以散发，切屑与工件和刀具分离，提高了工件的表面质量，延长了刀具的使用寿命。

3.2　超声振动辅助加工装置的设计方法

为了实现各种类型的超声振动辅助加工，需要根据超声振动辅助加工类型进行超声振动辅助加工系统的设计，由第 2 章讲述的超声振动辅助加工的基本原理可知，在超声振动辅助加工系统的各个组成部分中，产生超声振动的装置是其中重要的部分，其设计直接关系超声振动辅助加工系统的稳定性和可靠性。因此，本节重点介绍超声振动辅助加工装置的设计方法。超声振动辅助加工装置可以采用柔性铰链放大结构与换能器的组合，也可以采用变幅杆放大结构与换能器的组合，这里主要以变幅杆放大结构与换能器组合的振动产生形式进行超声振动辅助加工装置设计方法的介绍。

超声振动辅助加工装置中的变幅杆可以将换能器得到的伸缩变形量加以放大，起聚能作用，即对换能器端的振幅进行放大，以满足切削加工的需要。变幅杆可以设计为不同的截面形状，形成纵向振动变幅杆、弯曲振动变幅杆、扭转振动变幅杆等，也可以形成诸如纵向、扭转、弯曲等不同振动形式。变幅杆的形状有很多，设计过程比换能器复杂，按照组成结构分为单一型变幅杆与复合型变幅杆；按照母线形状，单一型变幅杆进一步可分为圆锥形、指数形、阶梯形、悬链线形、傅里叶形等；复合型变幅杆是由两种或两种以上的单一型变幅杆根据实际需要组合而成的。因此，设计合适的变幅杆对超声振动辅助加工装置非常重要。

目前变幅杆的设计方法主要有传统解析法、等效电路法、传输矩阵法和替代法。传统解析法是指采用结构的振动波动方程，由装置的面积函数、边界条件等信息确定出方程解的待定系数，进而推导出装置结构的频率方程及所需的性能参数或其表达式。等效电路法是指用电路结构中的电参数类比作用于变幅杆两端的力和位移参数，将力学振动系统类比成电学系统进行参数分析和求解，因此也称为四端网络法。传输矩阵法是指在电力系统类比基础上，在设计过程中将四端网络各量变成子程序，不仅方便了设计过程，而且可以通过计算机实现。替代法（机械阻抗法）与传统解析法类似，该方法通过各级装置结构之间界面连接处的机械阻抗等参数连续性进行分析求解，这种设计方法存在较大的局限性，并且所建立的模型与理论之间存在误差 [9]。

针对不规则、难以或无法获得解析解的振动辅助加工装置结构的设计，也可以采用有限元法获得近似解，并且解的精度和可信度较高。此外，分段趋近法是指通过将变截面的装置分割成一定的直圆锥进行趋近的解法，与四端网络法原理相同且配合使用。对于多维振动一般很难得到严格的解析解，因此，在不考虑剪切变形的条件下，可以认为材料在振动传递过程中，不同方向互相垂直的振动形式耦合成了不同种类的振动叠加，这样可以采用不同的表观弹性常数描述各种振动形式，这种方法称为表观弹性法。

3.3   变幅杆的波动方程

物体在弹性介质中发生振动时会引起介质的振动，所有固体在研究振动波时都可以看成弹性体，由于介质各点之间存在着弹性的联系，所以一点振动时，相邻各点将被带动依次振动起来，这样，物体的振动就在弹性介质中传播开来，这种物体振动在弹性介质中的传播称为波动。

变幅杆通常采用变截面杆，为了研究方便设定理想状态，假定变截面杆是由均匀、各向同性材料所构成的，略去机械损耗，当杆的横截面尺寸远小于波长时，可以认为平面纵波沿杆轴向传播，在杆的横截面上应力分布是均匀的，变截面杆的纵向振动如图 3.4 所示。当杆做纵向振动时，在杆的横截面尺寸远小于波长情况下，平面纵波沿杆轴向传播时杆的横截面上的应力分布是均匀的，杆中任意截面上的位移可以用杆轴线上的坐标标识，此时杆横截面上的各质点做等幅同相振动。任一变截面杆如图 3.5 所示，其对称轴为 x 轴，任选一小体积元（x，$x+\mathrm{d}x$）所限定的区间，作用其上的合力为 $\dfrac{\partial(S\sigma)}{\partial x}\mathrm{d}x$，根据牛顿定律，可得变截面杆动力学方程：

$$\frac{\partial(S\sigma)}{\partial x}\mathrm{d}x = S\rho\frac{\partial^2\xi}{\partial t^2}\mathrm{d}x \tag{3.1}$$

式中，$S = S(x)$ 为变截面杆的横截面积函数；ξ 为质点位移函数；$\sigma = \sigma(x) = E\partial\xi/\partial x$ 为应力函数；ρ 为杆材料的密度；E 为材料的杨氏模量。

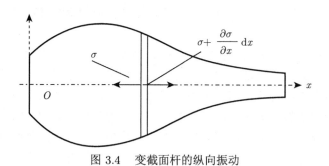

图 3.4   变截面杆的纵向振动

当图 3.4 所示的杆沿轴向做简谐振动时，变截面杆沿轴向振动的波动方程为

$$\frac{\partial^2\xi}{\partial x^2} + \frac{1}{S}\frac{\partial S}{\partial x}\frac{\partial\xi}{\partial x} + k^2\xi = 0 \tag{3.2}$$

式 (3.2) 为变截面杆一维纵向振动的波动方程，其中 k 为圆波数，$k = \omega/C$；ω 为圆频率；C 为纵波在细棒中的传播速度，$C = \sqrt{E/\rho}$。

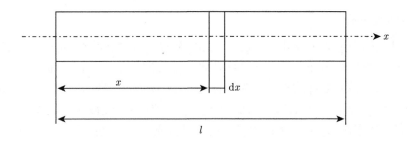

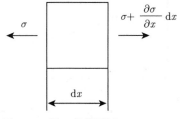

图 3.5 任一变截面杆

如果变截面杆的截面面积不变, 如图 3.5 所示, 那么 $\partial S/\partial x = 0$, 式 (3.2) 可以简化为

$$\frac{\partial^2 \xi}{\partial x^2} + k^2 \xi = 0 \tag{3.3}$$

式 (3.3) 的通解为

$$\xi(x) = A\cos(kx) + B\sin(kx) \tag{3.4}$$

当图 3.5 中的杆受到一个纵向振动激励, 即 $\xi(x,t)|_{x=0} = \cos(\omega t)$ 时, 纵向振动输出位移为

$$\xi = [A\cos(kl) + B\sin(kl)]\cos(\omega t) \tag{3.5}$$

式中, A 和 B 为待定常数, 可由边界条件决定。

3.4 纵向振动变幅杆

3.4.1 变幅杆的特性参数

变幅杆的性能可以用许多参数描述, 在实际应用中最常用的有变幅杆的共振长度 l、放大系数 M_p、形状因数 φ、位移节点、输入阻抗 Z_i 和弯曲刚度等。其中放大系数 M_p 是指变幅杆工作在共振频率时, 输出端与输入端的质点位移或速度的比值; 形状因数 φ 是衡量变幅杆所能达到的最大振动速度的指标之一, 它仅与变幅杆的几何形状有关, φ 值越大, 通过变幅杆所能达到的最大振动速度也越大。例如, 等截面杆的 φ 值为 1, 常用变幅杆的 φ 值都接近于 3, 而某些特殊形状的变幅杆, φ 值可达 5 左右。输入阻抗 Z_i 定义为输入端策动力与质点振动速度的复数比值, 在实际应用中常常要求输入阻抗随频率及负荷的变化而变化的幅度要小。弯曲刚度是弯曲柔顺性的倒数, 弯曲柔顺性也与变幅杆的几何形状有关, 变幅杆越长, 弯曲柔顺性越大, 在许多实际应用中这是需要避免的。

3.4.2　半波长变幅杆

对变幅杆的轴向运动进行理论分析,考虑由均匀、各向同性材料所构成的变截面杆,并假设机械振动损耗忽略不计。当纵波沿杆轴向传播且波长远大于杆截面尺寸时,杆截面上的应力均匀分布。设变幅杆的对称轴为坐标轴 x 轴,变幅杆坐标原点 $x=0$ 处的横截面积为 S_1、变形为 ξ_1, $x=l$ 处的横截面积为 S_2、变形为 ξ_2,变截面杆边界条件示意图如图 3.6 所示,其中作用在 S_1、S_2 上的力及振动速度分别为 F_1、$\dot{\xi}_1$ 和 F_2、$\dot{\xi}_2$。

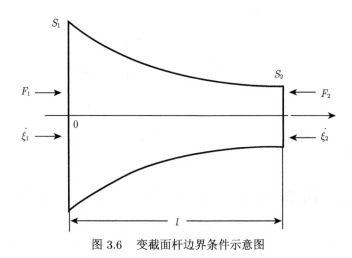

图 3.6　变截面杆边界条件示意图

则在两端自由时,其边界条件可表示为

$$\left.\begin{array}{ll} x=0: & \xi=\xi_1,\quad \dot{\xi}_1=\dfrac{\partial \xi}{\partial t}|_{x=0},\quad \dfrac{\partial \xi}{\partial x}|_{x=0}=0 \\[3mm] x=l: & \xi=-\xi_2,\quad \dot{\xi}_2=-\dfrac{\partial \xi}{\partial t}|_{x=l},\quad \dfrac{\partial \xi}{\partial x}|_{x=l}=0 \end{array}\right\} \tag{3.6}$$

根据两端的力平衡条件有

$$\left.\begin{array}{ll} x=0: & F_1=-S_1 E\dfrac{\partial \xi}{\partial x}|_{x=0} \\[3mm] x=l: & F_2=-S_2 E\dfrac{\partial \xi}{\partial x}|_{x=l} \end{array}\right\} \tag{3.7}$$

变幅杆的上述各性能参数可以根据纵向振动波动方程、杆的面积函数及边界条件确定。表 3.1 列出了指数形、圆锥形、悬链线形、阶梯形四种圆截面半波长谐振变幅杆的设计公式,用于对谐振频率、半波谐振长度 l_p、位移节点长度 x_0、放大系数 M_p、应变极大点长度 x_M 和形状因数 φ 等参数的计算。表 3.2 给出了指数形、悬链线形、圆锥形的输入阻抗公式。

表 3.1 半波长谐振变幅杆的设计公式 [6]

类型	指数形	圆锥形	悬链线形	阶梯形
示意图				

形状参数及截面积与 x 坐标的关系：

$$N = \sqrt{\dfrac{S_1}{S_2}} = \dfrac{D_1}{D_2}$$

类型	指数形	圆锥形	悬链线形	阶梯形
形状参数及截面积与 x 坐标的关系	$D = D_1 \mathrm{e}^{-\beta x}$ $\beta = \dfrac{\ln N}{l}$	$D = D_1(1-\alpha x)$ $\alpha = \dfrac{N-1}{N}\dfrac{1}{l}$	$D = D_2 \cosh[\gamma(l-x)]$ $\gamma = \dfrac{\arccos(hN)}{l}$	$\begin{cases} D = D_1, & 0 \leqslant x \leqslant \dfrac{\lambda}{4} \\ D = D_2, & \dfrac{\lambda}{4} < x \leqslant \dfrac{\lambda}{2} \end{cases}$
频率方程	$\sin(kl)=0$ 即 $k_1 l = \pi$	$\tan(kl) = \dfrac{kl}{1+\dfrac{N}{(N-1)^2}(kl)^2}$	$(kl)\tan(kl) = -\sqrt{1-\dfrac{1}{N^2}}\arccos(hN)$	$kl = \pi$
半波谐振长度 l_{p}	$l_{\mathrm{p}} = \dfrac{\lambda}{2}\sqrt{1+\left(\dfrac{\ln N}{\pi}\right)^2}$	$l_{\mathrm{p}} = \dfrac{\lambda}{2}\times\dfrac{kl}{\pi}$	$l_{\mathrm{p}} = \dfrac{\lambda}{2}\times\dfrac{1}{\pi}$ $\cdot\sqrt{(kl)^2+[\arccos(hN)]^2}$	$l_{\mathrm{p}} = \dfrac{\lambda}{2}$
位移节点长度 x_0	$x_0 = \dfrac{1}{\pi}\mathrm{arccot}\left(\dfrac{\ln N}{\pi}\right)$	$\tan(kx_0) = \dfrac{k}{\alpha}$	$\tan(kx_0) = \dfrac{k}{\gamma}\coth(\gamma l)$	$x_0 = \dfrac{\lambda}{4}$
放大系数 M_{p}	$M_{\mathrm{p}} = N$	$M_{\mathrm{p}} = N\left[\cos(kl)-\dfrac{N-1}{N}\times\dfrac{1}{kl}\sin(kl)\right]$	$M_{\mathrm{p}} = \left|\dfrac{N}{\cos(kl)}\right|$	$M_{\mathrm{p}} = N^2$
应变极大点长度 x_{M}	由方程 $\tan(kx_{\mathrm{M}}) = -\dfrac{k}{\beta}$ 解出 x_{M}	由超越方程 $\tan(kx_{\mathrm{M}}+\theta) = \dfrac{\alpha}{k}\times\dfrac{1}{1-\alpha x_{\mathrm{M}}}-\dfrac{k}{2\alpha}(1-\alpha x_{\mathrm{M}})$, 解出 x_{M}, 其中 $\theta = \arctan\left(\dfrac{\alpha}{k}\right)$	由超越方程 $\tan(kx_{\mathrm{M}}+\psi) = \dfrac{\gamma}{k}$ $\tanh[\gamma(l-x_{\mathrm{M}})]-\dfrac{1}{2}\left(\dfrac{\gamma}{k}+\dfrac{k}{\gamma}\right)$ $\cdot\coth[\gamma(l-x_{\mathrm{M}})]$ 解出 x_{M}, 其中 $\psi = \arctan\left[\dfrac{\gamma}{k}\tanh(\gamma l)\right]$	$x_{\mathrm{M}} = \dfrac{\lambda}{4}$
形状因数 φ	$\varphi = N\dfrac{k}{k}\mathrm{e}^{-\beta x_{\mathrm{M}}}$ $\dfrac{1}{\sin(kx_{\mathrm{M}})}$	$\varphi = \dfrac{2\alpha N}{k}\times\dfrac{\cos(kl+\theta)}{\cos(kx_{\mathrm{M}}+\theta)}$, 其中 $\theta = \arctan\left(\dfrac{\alpha}{k}\right)$	$\varphi = 2\dfrac{\gamma}{k}\times\dfrac{\cos(kl+\psi)}{\cos(kx_{\mathrm{M}}+\psi)}$ $\cdot\sinh[\gamma(l-x_{\mathrm{M}})]$, 其中 $\psi = \arctan\left[\dfrac{\gamma}{k}\tanh(\gamma l)\right]$	理论上 $\varphi = 1$ 实际 $\varphi < 0.8$
限制条件	$f > \dfrac{\beta C}{2\pi}$	—	$f > \dfrac{\gamma C}{2\pi}$	—

表 3.2　输入阻抗公式 [6]

类型	输入阻抗 Z_i
指数形	$\dfrac{Z_i}{Z_{01}} = j\dfrac{\sqrt{(k'l)^2 + (\ln N)^2}}{\ln N + k'l\cot(k'l)},\quad k' = \sqrt{k^2 - \beta^2}$
悬链线形	$\dfrac{Z_i}{Z_{01}} = j\dfrac{1}{kl}\left[\sqrt{1 - \dfrac{1}{N^2}}\arccos(hN) + k'_0 l\tan(k'_0 l)\right],\quad k'_0 = \sqrt{k^2 - \gamma^2}$
圆锥形	$\dfrac{Z_i}{Z_{01}} = j\dfrac{\dfrac{(N-1)^2}{N}\left[\dfrac{1}{kl} - \cot(kl)\right] + kl}{kl\cot(kl) + N - 1}$

3.4.3　四分之一波长变幅杆

四分之一波长变幅杆在设计复合型变幅杆或组合换能器时常被用到。质点位移节点的设定有两个特定的位置,分别处于变截面杆的大端或小端。

当四分之一波长变幅杆的一端处于波节时,该端振动位移或速度为零,如果在理想状态下,对于无损耗的四分之一波长变幅杆,就其两端振幅比而言,其放大系数 M_p 为无限大,处于节点一端的输入阻抗 Z_i 也是无限大。在实际应用中,材料是有损耗的,并且杆的另一端也是有负载的,因此 M_p 及 Z_i 都是有限值。但由于四分之一波长变幅杆具有 M_p 及 Z_i 数值都较大的特点,故在换能器设计中常用其作为阻抗匹配组合,以提高换能器的辐射效率。表 3.3 给出了四分之一波长变幅杆的频率公式。在确定大端、小端面积和频率后,可利用这些公式计算四分之一波长变幅杆的长度。

表 3.3　四分之一波长变幅杆的频率公式 [6]

项目	指数形		悬链线形	
	节点在宽端	节点在窄端	节点在宽端	节点在窄端
节点位置	$\xi\|_{x=0}=0$	$\xi\|_{x=l}=0$	$\xi\|_{x=0}=0$	$\xi\|_{x=l}=0$
频率公式	$(k'l)\cot(k'l) = -\ln N$	$(k'l)\cot(k'l) = \ln N$	$l = \lambda[1 + (2+\pi)^2 \arccos(hN^2)]^{1/2}/4$	$\tanh(\gamma l)\tan(k'_0 l) = \dfrac{k'_0}{\gamma}$

项目	圆锥形		阶梯形	
	节点在宽端	节点在窄端	节点在宽端	节点在窄端
节点位置	$\xi\|_{x=0}=0$	$\xi\|_{x=l}=0$	$\xi\|_{x=0}=0$	$\xi\|_{x=l}=0$
频率公式	$\dfrac{\tan(kl)}{kl} = \dfrac{D_2}{D_1 - D_2}$	$\dfrac{\tan(kl)}{kl} = \dfrac{D_1}{D_1 - D_2}$	$\cot(ka)\cot(kb) = \dfrac{S_2}{S_1}$	$\cot(ka)\cot(kb) = \dfrac{S_1}{S_2}$

在高强度超声应用中,常常要求变幅杆末端具有很大的振动幅度,这就要求变幅杆的

形状因数 φ 及放大系数 M_p 都尽可能地大，前面介绍的几种单一型变幅杆的 φ 值和 M_p 值常出现此优彼劣的现象，很难二者兼顾。为了改变这一状况，就必须采用复合型变幅杆的形式来弥补不足以提高其输出性能。当在有些应用场合需要特别高的振动速度时，也常用到长度满足共振条件的复合型变幅杆。讨论复合型变幅杆与单一型变幅杆的方法大体相同，从变截面杆沿轴向振动的波动方程式 (3.2) 出发，推导出各段杆中的振动位移、输入阻抗、频率方程、放大系数和形状因数等参数的公式。

3.5 扭转振动变幅杆

在超声振动辅助加工中，除了利用超声波的纵向振动，有时还需要采用扭转振动变幅杆用于超声振动的放大和传递，如超声旋转加工、超声马达、超声焊接及超声疲劳实验等都要用到扭转振动变幅杆，用以获得放大的扭转角或线切向的振动。与超声纵向振动辅助加工装置一样，超声扭转振动辅助加工装置也包括压电换能器、扭转振动变幅杆和加工刀具。

3.5.1 变截面杆扭转振动的波动方程

在变截面杆的横截面尺寸远小于波长情况下，可认为变截面杆做扭转振动时，每个截面是一个平面。设图 3.4 中的变截面杆的扭转角为 $\varphi(x,t)$，扭矩为 $M(x,t)$，则在 $\mathrm{d}x$ 体单元上的扭转力矩为 $\dfrac{\partial M}{\partial x}\mathrm{d}x$，由转矩等于转动惯量和角加速度的乘积得

$$\frac{\partial M}{\partial x}\mathrm{d}x = I_p\rho\mathrm{d}x\frac{\partial^2\varphi}{\partial t^2} \tag{3.8}$$

式中，I_p 为杆截面的极惯性矩；ρ 为杆材料的密度。

当杆沿切向做简谐振动时，式 (3.8) 可写成

$$\frac{\partial^2\varphi}{\partial x^2} + \frac{1}{I_p(x)}\frac{\partial I_p(x)}{\partial x}\frac{\partial\varphi}{\partial x} + k_t^2\varphi = 0 \tag{3.9}$$

式 (3.9) 是变截面杆沿切向振动的波动方程。式中，$k_t = \omega/c_t$，k_t 为扭转振动剪切波的波数，ω 为圆频率，$c_t = \sqrt{G/\rho}$ 为扭转振动的剪切波在杆中的传播速度，G 为切变模量。如果变截面杆的截面面积不变，那么 $\partial I_p/\partial x = 0$，式 (3.9) 可以简化为

$$\frac{\partial^2\varphi}{\partial x^2} + k_t^2\varphi = 0 \tag{3.10}$$

式 (3.10) 的通解为

$$\varphi(x) = A\cos(k_t x) + B\sin(k_t x) \tag{3.11}$$

式中，A 和 B 为待定常数，可由边界条件决定。

当变截面杆受到两个扭转振动激励，即 $\varphi(x,t)|_{x=0} = \cos(\omega t)$ 时，扭转振动输出位移为

$$\begin{cases} y = [A_1\cos(k_t l) + B_1\sin(k_t l)]\cos(\omega t + \varphi_1) \\ z = [A_2\cos(k_t l) + B_2\sin(k_t l)]\cos(\omega t + \varphi_2) \end{cases} \tag{3.12}$$

将式 (3.9) 与波动方程式 (3.2) 相比较，不难看出二者之间存在的相似之处；不同之处在于，式 (3.2) 和式 (3.9) 中各个参数所表示的物理意义不同。因此，扭转振动变幅杆的设计及特性参数的计算，可以直接引用纵向振动变幅杆的结果。

3.5.2　指数形扭转振动变幅杆

1. 指数形扭转振动变幅杆的共振长度

如表 3.2 中的指数形变幅杆所示，设大端直径为 D_1，则指数形变幅杆沿 x 轴的截面直径 D_x 按式 (3.13) 的规律变化

$$D_x = D_1 \mathrm{e}^{-\beta x} \tag{3.13}$$

设小端直径为 D_2，则有

$$\beta = \frac{1}{l} \ln \frac{D_1}{D_2} = \frac{1}{l} \ln N \tag{3.14}$$

半波共振长度 l 为

$$l = \frac{c_{\mathrm{kp}}}{2f} \sqrt{1 + \left(\frac{\ln N}{\pi}\right)^2} \tag{3.15}$$

式中，c_{kp} 为扭转振动声速，$c_{\mathrm{kp}} = \sqrt{\dfrac{G}{\rho}}$。

2. 指数形扭转振动变幅杆的振幅放大系数和波节位置

设在指数形扭转振动变幅杆中，大端面、小端面的扭转角分别为 θ_1、θ_2，其截面积为 S_1、S_2，扭转角振幅放大系数 M_θ 为

$$M_\theta = \left|\frac{\theta_2}{\theta_1}\right| = \left(\frac{D_1}{D_2}\right) = \frac{S_1}{S_2} \tag{3.16}$$

线切变位移振幅放大系数 M_1 为

$$M_1 = \left|\frac{\theta_2}{\theta_1}\frac{D_2/2}{D_1/2}\right| = \frac{D_1}{D_2} \tag{3.17}$$

振动波节面到大端面的距离 X_N 为

$$X_\mathrm{N} = \frac{1}{\sqrt{k_1^2 - 4\beta^2}} \arctan \frac{\sqrt{k_1^2 - 4\beta^2}}{2\beta} \tag{3.18}$$

式中，$k_1 = \dfrac{\omega}{c_{\mathrm{kp}}} = \dfrac{2\pi f}{c_{\mathrm{kp}}}$。

3.5.3 阶梯形扭转振动变幅杆

1. 阶梯形扭转振动变幅杆的共振长度

设在阶梯形扭转振动变幅杆中，大圆柱直径为 D_1，小圆柱直径为 D_2，其共振长度 l 为

$$l = \frac{\lambda}{2} = \frac{c_{\text{kp}}}{2f} = \frac{1}{2f}\sqrt{\frac{G}{\rho}} \tag{3.19}$$

2. 阶梯形扭转振动变幅杆的振幅放大系数和波节位置

扭转角振幅放大系数 M_θ 为

$$M_\theta = \left(\frac{D_1}{D_2}\right)^4 \tag{3.20}$$

线切变位移振幅放大系数 M_1 为

$$M_1 = M_\theta \frac{D_2}{D_1} = \left(\frac{D_1}{D_2}\right)^3 \tag{3.21}$$

振动波节面到大端面的距离 X_{N} 为

$$X_{\text{N}} = l/2 \tag{3.22}$$

在超声技术领域里，有时需要采用弯曲振动，与纵向振动配合使用。在设计弯曲振动变幅杆时应注意，弯曲振动变幅杆的共振频率与换能器纵向振动工作频率必须一致，否则振动系统将不能正常工作。在实际应用中，由于变幅杆受到扭转、剪切、加压力后的纵向压缩及负载反作用等因素的影响，变幅杆的实际工作频率低于理论计算的数值。

3.6 变幅杆的设计

3.6.1 变幅杆类型的选择

变幅杆的类型通常是根据实际应用条件进行选择的，例如，在超声振动辅助切削加工、超声焊接、超声强化等高声强超声振动处理应用中，变幅杆主要起振幅放大和聚能的作用，在这些应用中，要求变幅杆的放大系数 M_{p} 尽可能大，然后再根据应用的不同需要选择其他参数。在变幅杆的选择中，形状因数、放大系数、输入阻抗等特性参数有重要的影响，依据这些特性参数的比较，常用的几种变幅杆的选择可以参照以下几条原则。

（1）当面积系数 N 相同时，阶梯形变幅杆的振幅（位移和速度）和放大系数（$M_{\text{p}} = N^2$）最大，以下依次排序为悬链线形变幅杆、指数形变幅杆、圆锥形变幅杆。各类变幅杆放大系数 M_{p} 与面积系数 N 的关系如图 3.7 所示。

（2）在设计变幅杆时，除要求尽可能大的放大系数外，还需要根据超声应用的不同工作场合，选择变幅杆的输入阻抗特性。图 3.8 为几种变幅杆输入阻抗随频率偏移的变化特性。从图 3.8 可知，在相同的频率变化下，阶梯形变幅杆的输入阻抗变化最大。

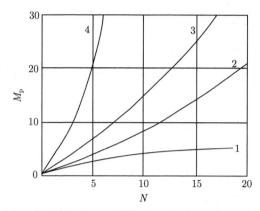

图 3.7   各类变幅杆放大系数 M_p 与面积系数 N 的关系

1. 圆锥形；2. 指数形；3. 悬链线形；4. 阶梯形

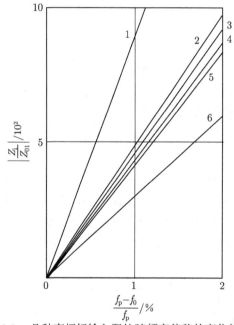

图 3.8   几种变幅杆输入阻抗随频率偏移的变化特性

1. 阶梯形；2. 指数形；3. 圆锥形；4. 悬链线形；5. 小端接圆柱杆的圆锥形；6. 均匀截面杆

（3）在高强度超声应用中，要求变幅杆输出端具有大的振动速度。而变幅杆的最大振动速度除了受材料的疲劳强度限制，还和变幅杆形状有关。因此在设计变幅杆时，不但要有满足需要的放大系数 M_p，而且还要选择形状因数 φ 大的变幅杆。表 3.4 列出了面积系数 $N=3.25$ 时，指数形、圆锥形、悬链线形和阶梯形四种变幅杆的形状因数。从表 3.4 可知，在面积系数相同的条件下，圆锥形变幅杆的形状因数 φ 最大。

表 3.4   面积系数 $N = 3.25$ 时，四种变幅杆的形状因数

变幅杆的类型	形状因数 φ	变幅杆的类型	形状因数 φ
指数形变幅杆	1.57	悬链线形变幅杆	1.44
圆锥形变幅杆	1.65	阶梯形变幅杆	$\leqslant 1$

当变幅杆的负载变化很小，又不用施加静压力时，如超声乳化、超声破碎粒子或细胞等，这种情况对输入阻抗特性要求不高，采用简单的阶梯形变幅杆最为适合，因为在相同面积系数下其放大系数 M_p 最大，并且变幅杆外形非常容易实现机械加工；当负载固定时，如超声磨料冲击加工、超声焊接、超声强化等，在加工过程中需要始终施加一定的静压力，而且负载也在不断地发生变化，这种情况不但要求变幅杆有足够大的放大系数，且要求其有较高的工作稳定性和足够的弯曲刚度，用指数形变幅杆、悬链线形变幅杆或其他形式的复合变幅杆比较合适。

当要求放大系数不大时，采用圆锥形变幅杆较合适，因为其弯曲刚度较大，工作稳定性高，而且外形便于机械加工；某些特殊应用场合需要变幅杆末端的振动速度很大，单凭一节变幅杆很难同时达到放大系数 M_p 和形状因数 φ 的要求，可以采用两节变幅杆串接形成复合变幅杆。

3.6.2 变幅杆材料的选择

变幅杆的材料对其性能有较大的影响，通常变幅杆材料的选择可采用以下原则：

（1）在工作频率范围内材料损耗小；

（2）材料的抗疲劳性能好，声阻抗率小，可承受较大的振动速度和位移振幅；

（3）所用材料易于机械加工。

符合上述条件的金属材料很多，包括钛合金、铝合金、不锈钢等，在这些金属材料中，钛合金的性能最好，但钛合金价格较高，且不易加工；其他应用较多的材料是铝合金、45号钢等，铝合金价格相对便宜，机械加工性能良好，但抗超声空化腐蚀很差；而45号钢的损耗较大。表3.5列出了一些常用变幅杆材料的特性。

表 3.5 一些常用变幅杆材料的特性

材料型号	密度 $\rho/(g\cdot cm^3)$	弹性模量/$(kg\cdot mm^2)$	声速 $c/(m/s)$	损耗系数
铝镁合金	2.66	720	5200	3.0
45 号钢	7.80	20840	5170	5.0
钛合金	4.50	12070	5178	1.5

3.6.3 变幅杆的设计步骤

超声变幅杆的设计方法主要有两种：①根据变幅杆实际需要的性能，设计变幅杆形状以满足波动方程；②根据一些随坐标有规律变化的外形函数得出波动方程的解，并由此计算出变幅杆的各种性能变量。根据实际应用的要求，设计计算变幅杆的一般步骤如下：

（1）确定工作频率 f 及变幅杆输出端的最大位移振幅 ξ_2。

（2）选择用于变幅杆的材料。

（3）根据所选择材料的声速及疲劳强度来估计所需要的形状因数 φ。

（4）根据换能器辐射面所能得到的位移振幅 ξ_1 来估算放大系数 $M_p(M_p = \xi_2/\xi_1)$。换能器辐射面的振动速度主要取决于输入换能器的电功率、电声转换效率及散热情况。

（5）根据所需要的放大系数 M_p、形状因数 φ、工作稳定程度、阻抗特性及振动形式选择变幅杆的类型，并确定变幅杆输入端（一般为大端）和输出端（一般为小端）的直径或面积之比。但应注意变幅杆输入端的直径不能选取得过大，否则变幅杆的横向振动就不可忽略，一般取 $D/\lambda < 0.25$，D 为变幅杆大端直径，λ 为波长。如果在实际应用中，工艺要求变幅杆的直径与波长之比大于 1/4，如接近于二分之一波长，则应采取一些措施，比如，在变幅杆上沿纵向开一些细槽，以减小横向振动[6]。此外，变幅杆两端直径之比或面积之比也不能过大，否则变幅杆过于细长，弯曲刚度不够，会引起不希望出现的其他振动而影响加工质量。

3.7　超声纵向振动辅助钻削加工装置设计实例

3.7.1　总体结构设计

超声纵向振动辅助钻削加工装置主要由换能器和变幅杆组成。换能器的主要功能是将超声波发生器产生的交流电信号转化为机械位移信号，是振动辅助钻削加工装置中的关键组成部分。变幅杆的主要功能是将振动的质点位移或速度放大，或者将超声能量集中在较小的面积上，起到聚集能量的作用。在实际需求中，换能器产生的振幅不能满足工程应用，因此必须在换能器前端连接变幅杆，将振幅放大，与此同时可以提高换能器的辐射阻抗，降低机械品质因数。

在连接方式上，压电陶瓷片的抗张强度差，容易破裂，一般采用夹心式结构，即由金属块及预紧力螺栓给压电陶瓷片施加预紧力，使压电陶瓷片在工作状态中始终处于压缩状态，避免了压电陶瓷片的破裂，完成换能器压电陶瓷片的螺栓预紧结构的设计。

超声纵向振动辅助钻削加工装置一般通过法兰盘与机床刀柄相连，法兰盘应处于位移的节点处，节点一般是理想的平面，而在实际中，法兰盘具有一定的厚度，为了减轻超声纵向振动辅助钻削加工装置与外部连接结构的耦合，在保证法兰盘所需的强度基础上，法兰盘尽可能设计得薄一些，同时也可通过在法兰盘的表面上设计一些圆形的槽，来提高隔振能力。

对于刀具的安装，一般刀具通过 ER 夹头和螺母与超声纵向振动辅助钻削加工装置变幅杆连接，换能器和变幅杆采用一体式结构由法兰盘与机床刀柄连接，从而实现超声纵向振动辅助钻削加工装置夹持刀具及与机床连接结构的设计。

3.7.2　纵向振动理论输出轨迹建模与分析

超声纵向振动辅助钻削加工装置输出端安装刀具，刀具的轨迹对超声纵向振动辅助钻削加工有重要影响，因此本节对变幅杆的理论输出轨迹进行建模与分析，在分析过程中，设杆为轴对称，其最大的横截面尺寸均比杆的纵向振动声波波长小得多，此时，杆振动时，每一个截面可以认为是一个平面，本节将变截面杆简化为等截面杆，如图 3.4 所示。根据 3.3 节建立的变幅杆的波动方程可以得到纵向振动输出位移，如式 (3.5) 所示。

为了验证输出轨迹的正确性，取一组具体的参数值进行验证，见表 3.6，得到的输出轨迹如图 3.9 所示。

表 3.6　纵向振动理论输出轨迹参数值

参数	A	B	k	l	ω
取值	1	1	1	1	1

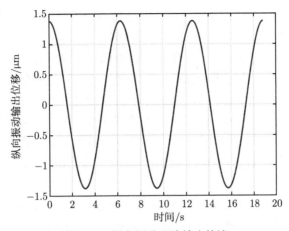

图 3.9 纵向振动理论输出轨迹

3.7.3 纵向振动换能器的设计

采用夹心式结构的压电换能器主要由前盖板、压电陶瓷片和后盖板组成。压电陶瓷片的形状为整片圆环，为了产生纵向振动，采用图 3.10 所示的纵向振动激励原理，图中空心箭头表示的是压电陶瓷片的极化方向，实心箭头为运动方向，正负号为激励信号的正负极。当压电陶瓷片的电场方向和极化方向一致时，压电陶瓷片呈收缩状态；当两方向相反时，压电陶瓷片呈扩张状态。因此在压电陶瓷片两端施加交变电压信号时，压电陶瓷片有规律地进行收缩与扩张，在轴向进行纵向振动。

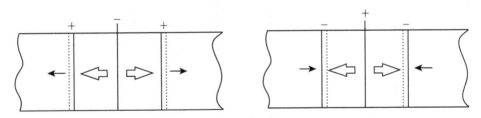

图 3.10 纵向振动激励原理

压电换能器各元件的尺寸与声波在材料中的传播速度与设计频率有关，压电陶瓷片的直径应小于在该谐振频率下陶瓷材料中的声波波长的 1/4。厚度不能太大，否则难以激励；也不能太薄，太薄时会造成片与片之间的接触面过多，形成多个反射面，影响声波的传递。压电陶瓷片的数目及其总体积，取决于压电陶瓷材料的功率容量，压电陶瓷片的直径和数目应满足式 (3.23)：

$$\begin{cases} D < \dfrac{1}{4}\lambda = \dfrac{1}{4}\dfrac{c}{f} \\ n = \dfrac{P}{P_{\mathrm{d}}fV} \end{cases} \tag{3.23}$$

式中，D 为压电陶瓷片外径，mm；λ 为声波在材料中的波长，mm；c 为声波在材料中的传播速度，mm/s；f 为压电换能器的设计频率，kHz；n 为压电陶瓷片的数目；P 为压电换能器的总输出功率，W；P_d 为单片压电陶瓷片的功率容量，W/(cm³·kHz)；V 为单个压电陶瓷片的体积，mm³。

　　压电换能器的设计过程主要如下：①对换能器的几何尺寸做一些假定，即换能器的直径要远小于其波长。这样，换能器的振动可以看成一个细长圆棒的轴向振动，换能器每个截面上的振动都可以用其轴线上的振动来表示。②对换能器结构模型进行简化。压电陶瓷组是由环状的压电陶瓷片组成的，当压电陶瓷的圆孔很小时，可以将带圆孔的陶瓷片看成实心陶瓷片，同时电极片厚度比较小，可以忽略。③设定节面，在换能器各组成部件的接触面上，位移及力是连续的，并获得相应的频率方程。④设定目标频率，选择材料，确定各部分尺寸。

　　因此，在设计过程中，首先，假设任意变截面杆都是由均匀、各向同性材料构成的，不计机械损耗，则在杆的横截面尺寸远小于波长情况下，平面纵波沿杆轴向传播时杆的横截面上的应力分布是均匀的。其次，对换能器结构模型进行简化，夹心式压电换能器装置一般采用半波长振子，此时装置两端的振动位移最大，在装置中间某位置存在位移为 0 的节面，以便于与外部机构相连，将节面看成分界面，则整个装置可以看成由两个四分之一波长的振子组成，因此夹心式压电换能器和变幅杆长度分别采取四分之一波长进行设计。法兰盘一般放在位移为 0 的节面上，以减少能量的损耗，起到固定装置的作用。换能器的结构示意图如图 3.11 所示，为了减小计算的复杂度，一般坐标原点选取在中间。

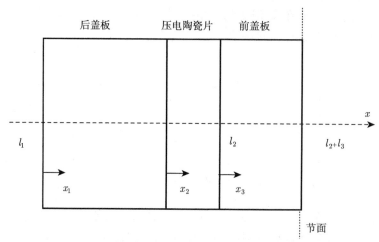

图 3.11　换能器的结构示意图

由式 (3.5) 的通解可得

$$\sigma(x) = E\frac{\partial \xi}{\partial x} = E[-Ak\sin(kx) + Bk\cos(kx)] \tag{3.24}$$

式中，$\sigma(x)$ 为纵向应力；A、B 为待定系数。

　　因为夹心式压电换能器各部分的材料密度、横截面积和声速相同，在换能器各组成部件的接触面上，位移及力是连续的，因此节面左侧的振动位移和应力函数边界条件为

$$\begin{cases} \xi_1\big|_{x=0} = \xi_2\big|_{x=0} \\ \xi_2\big|_{x=l_2} = \xi_3\big|_{x=l_2} \\ \xi_3\big|_{x=l_2+l_3} = 0 \\ \sigma_1\big|_{x=-l_1} = 0 \\ \sigma_1\big|_{x=0} = \sigma_2\big|_{x=0} \\ \sigma_2\big|_{x=l_2} = \sigma_3\big|_{x=l_2} \end{cases} \tag{3.25}$$

将边界条件式 (3.25) 代入式 (3.24)、式 (3.5) 中，可得

$$\begin{cases} A_3\cos[k(l_2+l_3)] + B_3\sin[k(l_2+l_3)] = 0 \\ A_2\cos(kl_2) + B_2\sin(kl_2) = A_3\cos(kl_2) + B_3\sin(kl_2) \\ A_1 = A_2 \\ E[A_1 k\sin(kl_1) + B_1 k\cos(kl_1)] = 0 \\ EB_1 k = EB_2 k \\ -A_2 k\sin(kl_2) + B_2 k\cos(kl_2) = -A_3 k\sin(kl_2) + B_3 k\cos(kl_2) \end{cases} \tag{3.26}$$

消去未知变量，得节面左侧的频率方程为

$$\tan[k(l_2 + l_3)] - \tan(kl_1) = 0 \tag{3.27}$$

设振动系统的谐振频率为 $f=20\text{kHz}$，选取压电陶瓷片的材料为 PZT-8，外径为 45mm、内径为 15mm、厚度为 5mm，前、后盖板的材料为 45 号钢，将频率方程式 (3.27) 在 MATLAB 软件中求解，得到压电换能器各部分尺寸如表 3.7 所示。

表 3.7　压电换能器各部分尺寸　　　　　　　　　　（单位：mm）

项目	数值	项目	数值
l_1	32	换能器直径	45
l_2(两片)	10	压电片内径	15
l_3	18		

3.7.4　纵向振动变幅杆的设计

变幅杆的主要功能是聚能，即对换能器端的振幅进行放大。变幅杆的形状有很多，设计过程比换能器复杂。变幅杆按照组成结构分为单一型变幅杆与复合型变幅杆；按照母线形状，单一型变幅杆进一步可分为圆锥形、指数形、阶梯形、悬链线形、傅里叶形等。复合型变幅杆是由两种或两种以上的单一型变幅杆组合而成的。

变幅杆的设计过程如下：①对变幅杆的几何尺寸做一些假定，即变幅杆的直径要远小于其波长；②根据运用场合选择变幅杆的类型，对变幅杆结构模型进行简化，获得面积函数；③设定节面，在变幅杆各组成部件的接触面上，位移及力是连续的，并获得相应的频率方程；④设定目标频率并选择材料，确定各部分尺寸。

首先，需要对变幅杆的纵向振动进行理论分析，考虑由均匀、各向同性材料所构成的变截面杆，并假设机械振动损耗忽略不计。当变幅杆的直径远小于其波长时，杆截面上的应力均匀分布。以图 3.4 为例，图 3.4 中的变截面杆沿坐标轴 x 轴对称，变幅杆任一位置 x 处的质点位移函数为 $\xi = \xi(x,t)$，作用在体单元两端（$x, x + \mathrm{d}x$ 所限定的区间）上的张应力为 $(\partial\sigma/\partial x)\mathrm{d}x$。

其次，根据运用场合选择变幅杆的类型，因为在旋转振动辅助加工中，负载变化较大，变幅杆除了要有足够大的放大系数，还需要工作稳定性高，有足够大的弯曲刚度，因此选用复合指数形变幅杆。变幅杆长度采用四分之一波长设计，结构示意图如图 3.12 所示。

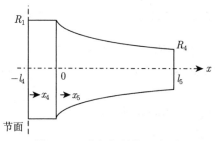

图 3.12   变幅杆结构示意图

将变截面杆简化为指数形截面杆，指数形大端半径为 R_1，面积为 S_1，小端半径为 R_4，面积为 S_2，则截面半径函数和面积函数分别为

$$R(x) = R_1 \mathrm{e}^{-\beta x} \tag{3.28}$$

$$S(x) = \pi^2 R_1^2 \mathrm{e}^{-2\beta x} \tag{3.29}$$

式中，β 为指数形变幅杆蜿蜒系数，$\beta = \dfrac{\ln(N)}{l_5}$，$N = \dfrac{R_1}{R_4}$。

$$\xi(x) = \mathrm{e}^{\beta x}[A\cos(k'x) + B\sin(k'x)] \tag{3.30}$$

$$\sigma(x) = E\frac{\partial \xi}{\partial x} = E\beta\mathrm{e}^{\beta x}[A\cos(k'x) + B\sin(k'x)] + E\mathrm{e}^{\beta x}k'[-A\sin(k'x) + B\cos(k'x)] \tag{3.31}$$

式中，$k' = \sqrt{k^2 - \beta^2}$，为指数形纵向振动圆波数。

由分界面处位移与应力分布的连续性可知，节面右侧的振动位移和应力函数边界条件为

$$\begin{cases} \xi_4|_{x=-l_4} = 0 \\[2mm] \xi_4|_{x=0} = \xi_5|_{x=0} \\[2mm] \sigma_4|_{x=0} = \sigma_5|_{x=0} \\[2mm] \sigma_5|_{x=l_5} = 0 \end{cases} \tag{3.32}$$

将边界条件式 (3.32) 代入式 (3.31)、式 (3.30) 中，可得

$$\begin{cases} A_4 \cos(k'l_4) - B_4 \sin(k'l_4) = 0 \\ A_4 = A_5 \\ EB_4 = E\beta A_5 + Ek'B_5 \\ E\beta e^{\beta l_5}[A_5 \cos(k'l_5) + B_5 \sin(k'l_5)] + Ee^{\beta l_5}k'[-A_5 \sin(k'l_5) + B_5 \cos(k'l_5)] = 0 \end{cases} \quad (3.33)$$

消去未知变量，得到节面右侧的频率方程为

$$k^2 \tan(kl_4) \tan(k'l_5) = k' + \beta \tan(k'l_5) \quad (3.34)$$

复合指数形变幅杆尺寸参数如图 3.13 所示。设振动系统的谐振频率为 $f=20\text{kHz}$，变幅杆指数段小端要与刀具连接，这里的连接采用的是 ER16 螺母，因此小端直径为 22mm。采用 MATLAB 软件求解频率方程式 (3.34)，得到复合指数形变幅杆各部分尺寸如表 3.8 所示。

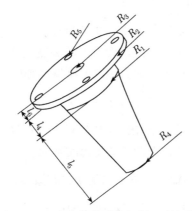

图 3.13　复合指数形变幅杆尺寸参数

表 3.8　复合指数形变幅杆各部分尺寸　　　　（单位：mm）

项目	数值	项目	数值	项目	数值
R_1	22.5	R_4	11	l_5	55
R_2	37	R_5	3	l_6	3
R_3	M10	l_4	6		

3.8　超声变维振动辅助钻削加工装置设计实例

3.8.1　设计方法

在实际应用中，有时需要振动辅助加工装置同时产生不同维度的振动，即一维空间振动（单向振动）、二维空间振动、三维空间振动。为此，通过考虑压电换能器中压电陶瓷的结构布置形式，结合变幅杆在不同共振阶的振动形式，建立输出轨迹模型验证多维振动

输出；采用理论分析法求解压电换能器与变幅杆的几何尺寸，建立超声变维振动辅助钻削加工装置模型，运用 ANSYS 有限元分析软件对装置进行静力学分析、谐响应分析和瞬态分析，从而获得设计装置[10]。建立这种超声变维振动辅助钻削加工装置的具体步骤总结如下。

1. 超声变维振动辅助钻削加工装置的总体结构布置设计

分析现有的振动辅助加工装置的实现方法，并在借鉴压电换能器带宽扩展的思想基础上考虑压电陶瓷的结构布置形式，结合变幅杆的不同振动形式，进行超声变维振动辅助钻削加工装置的总体结构布置设计。

2. 变维振动理论输出轨迹建模与分析

根据所设计的结构布置原型进行理论输出轨迹的建模与分析，分析时将模型尽可能地简化，并将变截面杆等效为等截面杆，通过数学计算推导出刀尖处的运动轨迹方程，验证不同形式振动的可实现性。

3. 超声变维振动辅助钻削加工装置建模

在第一步的装置最简示意图上进行进一步的设计。首先进行压电换能器的设计，得到其结构尺寸；其次用变截面杆替换上述示意图中的等截面杆，实现位移放大功能；最后考虑电能传输装置和机床的连接形式，完成超声变维振动辅助钻削加工装置的建模。

4. 超声变维振动辅助钻削加工装置有限元仿真

建立振动单元三维模型，采用 ANSYS 软件对其进行静力学分析、谐响应分析与瞬态分析，验证装置的输出性能，并依据图纸加工出实物原型。

3.8.2　超声变维振动辅助钻削加工装置的总体结构布置设计

为了实现不同维的振动，考虑空间三维运动的构造，设计了图 3.14 所示的超声变维振动辅助钻削加工装置的结构示意图。$A_0 B_0$ 为简化的变幅杆，A_0 端为刀具端，而 B_0 端与压电换能器相连，此外在 B_0 端还有一法兰盘，用于振动装置与其他单元连接；$B_0 C_0$ 为轴向压电陶瓷组，用于产生轴向振动的位移激励；$C_0 D_0$ 为中间垫块；$D_0 E_0$ 为径向压电陶瓷组，用于产生两个径向的振动位移激励；$E_0 F_0$ 为后端盖，用于固定和施加预紧力。

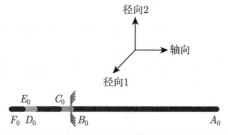

图 3.14　超声变维振动辅助钻削加工装置的结构示意图

超声变维振动辅助钻削加工装置中各振动方向的运动轨迹分解如图 3.15 所示。

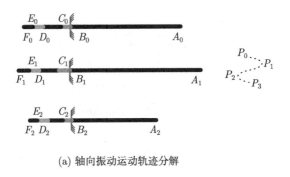

(a) 轴向振动运动轨迹分解

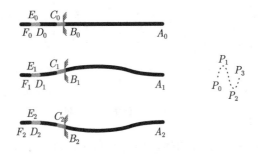

(b) 径向单方向振动运动轨迹分解

图 3.15 超声变维振动辅助钻削加工装置中各振动方向的运动轨迹分解

（1）当仅对轴向压电陶瓷组施加交变正弦电信号时，当电信号处于上升沿时，压电陶瓷将会由 B_0C_0 伸长至 B_1C_1，由于后盖板固定的缘故，轴向压电陶瓷组产生的位移信号将主要往变幅杆方向传播，变幅杆在其作用下由 A_0B_0 伸长至 A_1B_1，对应于 P_0P_1 或者 P_2P_3 段的刀尖位移轨迹；当电信号处于下降沿时，压电陶瓷组将会由 B_1C_1 缩短至 B_2C_2，变幅杆在此位移信号作用下将由 A_1B_1 缩短至 A_2B_2，对应于 P_1P_2 段的刀尖位移轨迹。整个变幅杆的放大倍数 F 即 $F = A_1B_1/B_1C_1$。在整个过程中径向压电陶瓷组不参与运动。

（2）当仅对径向压电陶瓷组施加交变正弦电信号时，当电信号处于上升沿时，压电陶瓷组将会由 D_0E_0 弯曲至 D_1E_1，由于后盖板固定的缘故，径向压电陶瓷组产生的位移信号将主要往变幅杆方向传播，变幅杆在其作用下会产生弯曲变形，而刀尖点处于其波峰位置，由 A_0B_0 上升至 A_1B_1 位置，对应于 P_0P_1 或者 P_2P_3 段的刀尖位移轨迹；当电信号处于下降沿时，压电陶瓷组将会由 D_1E_1 弯曲至 D_2E_2，变幅杆在此位移信号作用下将由 A_1B_1 下降至 A_2B_2，对应于 P_1P_2 段的刀尖位移轨迹。整个变幅杆的放大倍数 F 即 $F = A_1A_0/D_1D_0 = A_1A_0/E_1E_0$，在整个过程中轴向压电陶瓷组不参与运动。

3.8.3 变维振动理论输出轨迹建模与分析

由于超声变维振动辅助钻削加工装置的刀具端与变幅杆相连，因此有必要对变幅杆的理论输出轨迹进行建模与分析，本节将变截面杆简化为等截面杆，其示意图如图 3.16 所示。整个等截面杆关于 x 轴对称，现取一体单元进行受力分析，体单元受力图如图 3.17 所示。

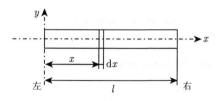

图 3.16　等截面杆示意图

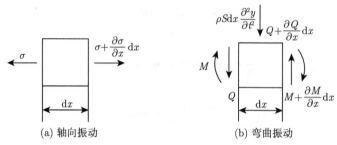

(a) 轴向振动　　　　　　　　(b) 弯曲振动

图 3.17　体单元受力图

当杆做轴向振动时，体单元受力情况如图 3.17（a）所示，此时根据牛顿第二定律可得

$$\frac{\partial(S\sigma)}{\partial x}\mathrm{d}x = S\rho\frac{\partial^2\xi}{\partial t^2}\mathrm{d}x \tag{3.35}$$

式中，$S = S(x)$ 为体单元截面面积；$\xi = \xi(x)$ 为质点位移函数；$\sigma = \sigma(x) = E\partial\xi/\partial x$ 是应力函数；E 为杨氏模量；ρ 为杆材的密度。

当杆做轴向简谐运动时，式 (3.35) 可以写成：

$$\frac{\partial^2\xi}{\partial x^2} + \frac{1}{S}\frac{\partial S}{\partial x}\frac{\partial\xi}{\partial x} + k^2\xi = 0 \tag{3.36}$$

式 (3.36) 就是杆的轴向振动波动方程，$k^2 = \omega^2/c^2$，k 为圆波数，ω 为圆频率，$c = \sqrt{E/\rho}$ 为纵波在杆中的传播速度。

由于杆的截面面积不变，因此 $\partial S/\partial x = 0$，式 (3.36) 可以简化为

$$\frac{\partial^2\xi}{\partial x^2} + k^2\xi = 0 \tag{3.37}$$

式 (3.37) 的通解为

$$\xi(x) = A\cos(kx) + B\sin(kx) \tag{3.38}$$

当图 3.17 中杆左侧受到一个轴向振动激励，即 $\xi(x,t)|_{x=0} = \cos(\omega t)$ 时，右端输出位移的方程为

$$\xi = [A\cos(kl) + B\sin(kl)]\cos(\omega t) \tag{3.39}$$

为了验证输出轨迹的正确性，选取特定的参数代入式 (3.39) 中，具体参数见表 3.9，得到的输出轨迹如图 3.18 所示。

表 3.9　轴向振动轨迹参数取值表

参数	A	B	k	l	ω
取值	1	1	1	1	1

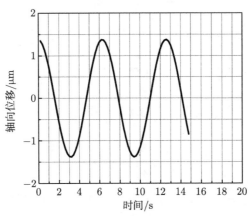

图 3.18　轴向振动输出轨迹

当杆做弯曲振动时，体单元受力情况如图 3.17（b）所示，此时根据牛顿第二定律可得

$$m\mathrm{d}x\frac{\partial^2 y}{\partial t^2} = \rho S\mathrm{d}x\frac{\partial^2 y}{\partial t^2} \tag{3.40}$$

式中，$y = y(x,t)$ 为质点位移函数；m 是单位长度质量。

根据达朗贝尔原理可得

$$\left(Q + \frac{\partial Q}{\partial x}\mathrm{d}x\right) - Q = \frac{\partial Q}{\partial x}\mathrm{d}x = -\rho S\frac{\partial^2 y}{\partial t^2}\mathrm{d}x \tag{3.41}$$

式中，Q 为截面上的剪切力。

对右截面任一点做力矩平衡得

$$\left(M + \frac{\partial M}{\partial x}\mathrm{d}x\right) - M - Q\mathrm{d}x + \rho S\mathrm{d}x\frac{\partial^2 y}{\partial t^2}\frac{(\mathrm{d}x)^2}{2} = 0 \tag{3.42}$$

式中，M 为作用在杆上的弯矩。

化简式 (3.42) 并略去二阶小量 $(\mathrm{d}x)^2$ 得

$$\frac{\partial M}{\partial x}\mathrm{d}x = Q\mathrm{d}x \tag{3.43}$$

由材料力学可知

$$\begin{cases} M = EJ\dfrac{\partial^2 y}{\partial x^2} \\[2mm] J = \dfrac{\pi d^4}{64} \end{cases} \tag{3.44}$$

式中，J 为横截面对轴的惯性矩；d 为截面直径。

联立式 (3.40)~ 式 (3.44)，可得

$$\frac{\partial^2 y}{\partial t^2} + \frac{Ed^2}{4\rho} \times \frac{\partial^4 y}{\partial x^4} = 0 \tag{3.45}$$

当杆做简谐振动时，其通解为

$$y = [\cos(\omega t) + \varphi] \tag{3.46}$$

令 $m^4 = \dfrac{4\omega^2\rho}{Ed^2}$，联立式 (3.45)、式 (3.46) 可得

$$\frac{\partial^4 y}{\partial x^4} = m^4 y \tag{3.47}$$

令式 (3.47) 的解为 $y = \mathrm{e}^{pmx}$，得 $p = 1，-1，\mathrm{i}，-\mathrm{i}$，则其通解为

$$y = [A\cosh(mx) + B\sinh(mx) + C\cos(mx) + D\sin(mx)]\cos(\omega t + \varphi) \tag{3.48}$$

当杆左侧受到两个弯曲振动激励时，右端输出位移的方程为

$$\begin{cases} y = [A_1\cosh(ml) + B_1\sinh(ml) + C_1\cos(ml) + D_1\sin(ml)]\cos(\omega t + \varphi_1) \\ z = [A_2\cosh(ml) + B_2\sinh(ml) + C_2\cos(ml) + D_2\sin(ml)]\cos(\omega t + \varphi_2) \end{cases} \tag{3.49}$$

为了验证输出轨迹的正确性，选取一般参数代入式 (3.49) 中，具体参数见表 3.10，得到的输出轨迹如图 3.19 所示。

表 3.10　弯曲振动轨迹参数取值表

参数	$A_1 = B_1 = C_1 = D_1$	$A_2 = B_2 = C_2 = D_2$	m	l	ω	φ_1	φ_2
取值	1	1	1	1	1	0	$\pi/2$

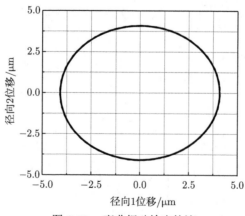

图 3.19　弯曲振动输出轨迹

当杆的左侧既有轴向振动激励，又有弯曲振动激励时，右端输出位移的方程可表示为

$$
\begin{cases}
x = [A_1 \cos(kl) + B_1 \sin(kl)] \cos(\omega_1 t + \varphi_1) \\
y = [A_2 \cosh(ml) + B_2 \sinh(ml) + C_2 \cos(ml) + D_2 \sin(ml)] \cos(\omega_2 t + \varphi_2) \\
z = [A_3 \cosh(ml) + B_3 \sinh(ml) + C_3 \cos(ml) + D_3 \sin(ml)] \cos(\omega_3 t + \varphi_3)
\end{cases}
\tag{3.50}
$$

为了验证输出轨迹的正确性，选取一般参数代入式 (3.50) 中，具体参数见表 3.11，得到的输出轨迹如图 3.20 所示。

表 3.11　三维振动轨迹参数取值表

参数	$A_1 = B_1$	$A_2 = B_2 = C_2 = D_2$	$A_3 = B_3 = C_3 = D_3$	l	φ_1	φ_2	φ_3	m	ω_1	$\omega_2 = \omega_3$	k
取值	1	1	1	1	0	$\pi/3$	$\pi/2$	1	2	1	1

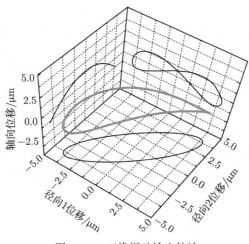

图 3.20　三维振动输出轨迹

综上所述，控制压电换能器信号的输入相数就可以实现振动单元在一维轴向振动、二维椭圆振动和三维复合振动之间切换，从而实现变维振动。

3.8.4　超声变维振动辅助钻削加工装置设计

1. 压电换能器设计

压电换能器作为振动辅助加工的关键单元，其主要功能是将交流电信号转变为相对应的机械位移信号。其具有能量转换效率高、结构简单可靠等优点，被广泛用于振动加工领域，这里选择压电换能器作为位移激励单元。

作为使用最为广泛的换能器结构，夹心式压电换能器由前/后盖板、压电陶瓷片、电极片和紧固螺栓构成。压电陶瓷堆由压电陶瓷与电极片构成，电极片放置在极性相对的压电陶瓷组之间，整个压电陶瓷堆位于前、后盖板之间。由于压电陶瓷本身属于高脆材料，抗张强度差，需要工作在压缩状态下，因此通过紧固螺栓和前、后盖板给压电陶瓷施加预紧力，从而可以避免其在大功率工作下破裂。

一般的换能器前、后盖板均由金属材料制成，这是由于压电陶瓷在工作状态下发热严重且散热迟缓，通过连接金属盖板可以有效地散热，使压电陶瓷始终工作在一个稳定的工作温度中。可通过改变压电换能器的前/后盖板长度、压电陶瓷片布置形式和预紧力来对共振频率进行调节，以满足不同的加工需求。

压电换能器的工作频率（或者声功率）决定了其压电陶瓷材料的种类，超声变维振动辅助钻削加工装置中的换能器处于一个大功率、长时间状态下工作，因此采用 PZT-8 发射型材料，因为此类材料的强场介电损耗低，在高温工作环境下介电损耗和机械损耗变化平缓。

压电换能器激励原理如图 3.21 所示，压电陶瓷片的极化方向用空心箭头表示，而其运动方向则用实心箭头说明，正、负号表示加载激励信号的正、负极。图 3.21（a）中的压电陶瓷片的形状为半圆形，从图中可以看出，当压电陶瓷片两端的电场方向和极化方向相反时，压电陶瓷片呈现扩张现象；而当电场方向和极化方向一致时，压电陶瓷片出现收缩现象。这样，当在压电陶瓷片两端输入正弦交变电压信号时，压电陶瓷片会规律性地收缩和扩张，在纵向上产生轴向振动位移。图 3.21（b）中的压电陶瓷片为 1/4 圆环结构，采用这一结构的原因是便于在一个截面上同时布置四组压电陶瓷片，负责两个径向上的振动激励，缩小压电换能器的总体结构尺寸。从图中可以看出，上、下两组压电陶瓷片的极化方向完全相反，当输入信号如图 3.21（b）左侧所示时，上端压电陶瓷组扩张而下端压电陶瓷组收缩，压电换能器在上、下两组压电陶瓷同时作用下产生了一个向下的弯曲形变，同理，图 3.21（b）右侧上端压电陶瓷组收缩而下端压电陶瓷组扩张，压电陶瓷在其作用下产生了一个向上的弯曲形变。因此，在径向压电陶瓷组两端输入正弦交变电压信号时，压电陶瓷会按上面的表述规律性地收缩和扩张，从而在径向上产生弯曲位移。

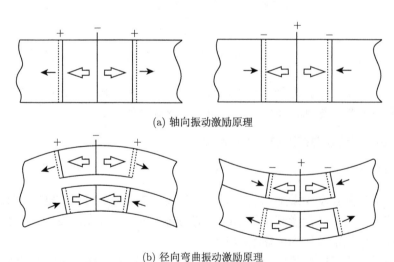

(a) 轴向振动激励原理

(b) 径向弯曲振动激励原理

图 3.21　压电换能器激励原理

压电换能器的尺寸与声波在材料中的传播速度和设计频率有关，压电陶瓷的直径一般应小于声波在材料中传播波长的 1/4，而数量则由压电换能器的设计功率决定。本书选用的 PZT-8 型压电陶瓷厚度为 6mm，功率为 6W/(cm³·kHz)，压电陶瓷片的数量计算如下：

$$
\begin{cases}
D < \dfrac{1}{4}\lambda = \dfrac{1}{4}\dfrac{c}{f} \\[2mm]
n = \dfrac{P}{P_{\mathrm{d}}fV}
\end{cases}
\tag{3.51}
$$

式中，D 为压电陶瓷片外径，mm；λ 为声波在材料中的波长，mm；c 为声波在材料中的传播速度，mm/s；f 为压电换能器的设计频率，kHz；n 为压电陶瓷片的数目；P 为压电换能器的总输出功率，W；P_{d} 为单个压电陶瓷片的功率容量，W/(cm³·kHz)；V 为单个压电陶瓷片的体积，mm³。

根据上述激励原理，设计的压电换能器的结构尺寸如图 3.22 所示，压电换能器的各部分长度可以用式 (3.52) 定义：

$$
\frac{Z_5}{Z_4}\tan(k_5 l_5)\tan(k_4 l_4) + \frac{Z_5}{Z_3}\tan(k_5 l_5)\tan(k_3 l_3) + \frac{Z_4}{Z_3}\tan(k_4 l_4)\tan(k_3 l_3) = \frac{2}{3}
\tag{3.52}
$$

式中，Z_3、Z_4、Z_5 是每个部分的阻抗；k_3、k_4、k_5 是相对应的波节数。根据下列公式计算得到：

$$
\begin{aligned}
Z_i &= \rho_i c_i S_i, \quad i = 3,4,5 \\
k_i &= \frac{\omega}{c_i}, \quad i = 3,4,5
\end{aligned}
\tag{3.53}
$$

这里 ρ、c_i 和 S_i 分别代表了各部分的密度、声速和截面面积，而 ω 是波节数，等于 $2\pi f$。

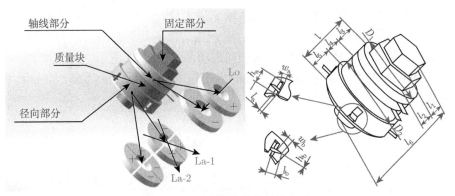

图 3.22　压电换能器的结构尺寸

当变幅杆轴向振动频率在 20kHz 附近时，变幅杆工作状态比较稳定，因此 f 取 20kHz。表 3.12 给出了压电换能器各个参数的数值，表 3.13 给出了压电换能器的具体尺寸。

表 3.12　　压电换能器参数表

参数	数值	参数	数值	参数	数值
k_3, k_5	0.0405	ρ_3, ρ_5	7.6g/cm^3	c_3, c_5	3.1×10^6mm/s
k_4	0.0246	ρ_4	2.7g/cm^3	c_4	5.1×10^6mm/s
f	20kHz	Z_5/Z_4	1.71	Z_5/Z_3	1
Z_4/Z_3	0.585				

表 3.13　　压电换能器尺寸表　　　　　　　　（单位：mm）

参数	数值	参数	数值	参数	数值
l_1	10	l_6	83	w_a	5
l_2	10	l	35.5	l_a	0.5
l_3	12.4	D_1	50	h_b	0.4
l_4	10	D_2	56	w_b	5
l_5	13.1	h_a	10	l_b	10

2. 变幅杆设计

变幅杆的性能可以用许多参量来描述，最主要的有共振长度 l、共振频率 f 和放大系数 M_p。其中放大系数 M_p 指变幅杆工作在共振频率时输入激励位移与输出工作位移振幅之比。在振动辅助钻削加工装置的设计中，通常其刀具的质量要远远小于压电换能器和变幅杆的质量，在加工过程中可以视为刀具在变幅杆的带动下进行振动，因此在设计变幅杆时将刀具部分忽略而只设计变幅杆部分，后采用有限元的方法对结果进行修正。

为了更好地满足碳纤维复合材料的制孔要求，分析钻削加工中设备的动力学、力学特性和加工设备的结构特点，本节选择圆锥阶梯形变幅杆，这种变幅杆具有加工容易、轴向刚度大且放大系数大的优点。首先需要对变幅杆的轴向运动进行理论分析，考虑由均匀、各向同性材料所构成的变截面杆，并假设机械振动损耗忽略不计。当纵波沿杆轴线传播且波长远大于杆截面尺寸时，杆截面上的应力均匀分布。

在 3.3 节中图 3.4 中的变截面杆沿坐标轴 x 轴对称，其任一位置 x 处的质点位移函数为 $\xi = \xi(x, t)$，作用在体单元两端（$x, x + \mathrm{d}x$ 所限定的区间）上的张应力为 $(\partial\sigma/\partial x)\mathrm{d}x$。

将变截面杆简化为圆锥形变幅杆，其轴向振动图如图 3.23 所示。圆锥大端 $x = 0$ 处的半径为 R_1，截面面积为 S_1；小端 $x = l$ 处的半径为 R_2，截面面积为 S_2，则截面半径函数和面积函数分别为

$$R = R_1(1 - \alpha x)$$
$$S = S_1(1 - \alpha x)^2 \tag{3.54}$$

式中，$\alpha = \dfrac{R_1 - R_2}{R_1 l} = \dfrac{N - 1}{Nl}$，$N = \dfrac{D_1}{D_2}$。设作用在变幅杆大小截面两端的力和位移分别为 F_1、ξ_1 和 F_2、ξ_2，此时式 (3.54) 的解为

$$\xi = \frac{1}{x - \dfrac{1}{\alpha}}[A\cos(kx) + B\sin(kx)] \tag{3.55}$$

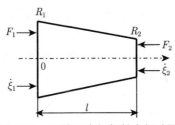

图 3.23 圆锥形变幅杆轴向振动图

式 (3.55) 为圆锥形变幅杆的振动位移函数, 式中 A 与 B 为未知系数。获得振动位移函数后, 杆的应力函数如下:

$$\sigma = E\frac{\partial \xi}{\partial x} = E\left\{\frac{1}{x - \dfrac{1}{\alpha}}[-Ak\sin(kx) + Bk\cos(kx)] - \frac{1}{\left(x - \dfrac{1}{\alpha}\right)^2}[A\cos(kx) + B\sin(kx)]\right\} \tag{3.56}$$

当 $\alpha = 0$, 即圆锥形变幅杆的大小两端截面相等时, 圆锥形变幅杆退化成圆柱形变幅杆, 其轴向振动图如图 3.24 所示, 用上述求解方法可以求解出此时变幅杆的振动位移函数、应力函数为

$$\xi = [A\cos(kx) + B\sin(kx)]$$

$$\sigma = E\frac{\partial \xi}{\partial x} = E[-Ak\sin(kx) + Bk\cos(kx)] \tag{3.57}$$

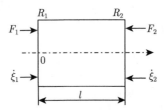

图 3.24 圆柱形变幅杆轴向振动图

复合型圆锥形变幅杆如图 3.25 所示, 主要由一段圆锥形杆和两段圆柱形杆组合而成,

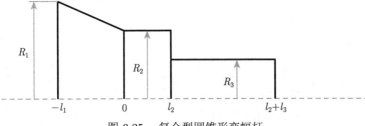

图 3.25 复合型圆锥形变幅杆

其中第一段圆锥形大小截面半径分别为 R_1 和 R_2，长度为 l_1，两段圆柱形杆的半径和长度分别为 R_2、l_2 和 R_3、l_3。

由式 (3.57) 可以求出变幅杆各段的位移函数、应力函数。

圆锥形杆的位移函数、应力函数为

$$\begin{cases} \xi_1(x) = \dfrac{1}{R(x)}[A_1\cos(kx) + B_1\sin(kx)] \\[2mm] \sigma_1(x) = \dfrac{Ek}{R(x)}[-A_1\sin(kx) + B_1\cos(kx)] + \dfrac{E(R_1 - R_2)}{l_1 R(x)^2}[A_1\cos(kx) + B_1\sin(kx)] \\[2mm] R(x) = R_2 - \dfrac{R_1 - R_2}{l_1}x \end{cases}$$

$$(3.58)$$

两段圆柱形杆的位移函数、应力函数为

$$\begin{cases} \xi_2(x) = [A_2\cos(kx) + B_2\sin(kx)] \\ \sigma_2(x) = Ek[-A_1\sin(kx) + B_1\cos(kx)] \end{cases} \tag{3.59}$$

$$\begin{cases} \xi_3(x) = [A_2\cos(kx) + B_2\sin(kx)] \\ \sigma_3(x) = Ek[-A_1\sin(kx) + B_1\cos(kx)] \end{cases} \tag{3.60}$$

在压电换能器设计中已经将变幅杆圆锥段的大端截面处设计成位移节点，而小端部分作为连接刀具端处于一个无约束状态，因此复合型圆锥形变幅杆各截面处的边界条件为

$$\begin{aligned} & \xi_1|_{x=-l_1} = 0 \\ & \xi_1|_{x=0} = \xi_2|_{x=0}, \quad \sigma_1(x)|_{x=0} = \sigma_2(x)|_{x=0} \\ & \xi_2|_{x=l_2} = \xi_3|_{x=l_2}, \quad \pi R_2^2\sigma_2(x)|_{x=l_2} = \pi R_3^2\sigma_3(x)|_{x=l_2} \\ & \sigma_3(x)|_{x=l_2+l_3} = 0 \end{aligned} \tag{3.61}$$

连立式 (3.59)∼ 式 (3.61)，可得

$$\begin{aligned} & A_1/B_1 = \tan(kl_1) \\ & A_1/A_2 = R_2 \\ & \frac{k}{R_2}B_1 + \frac{R_1 - R_2}{l_1 R_2^2}A_1 - kB_2 = 0 \\ & A_2 + B_2\tan(kl_2) = A_3 + B_3\tan(kl_2) \\ & R_2^2[-A_2\tan(kl_2) + B_2] = R_3^2[-A_3\tan(kl_2) + B_2] \\ & B_3/A_3 = \tan(l_2 + l_3) \end{aligned} \tag{3.62}$$

消去未知变量，得到

$$\begin{aligned} & [R_2^2 + R_3^2\tan^2(kl_2)]\left[\frac{1}{\tan(kl_1)} + \frac{R_1 - R_2}{kl_1 R_2}\right] - [R_2^2\tan^2(kl_2) + R_3^2]\tan[k(l_2 + l_3)] \\ & + (R_3^2 - R_2^2)\left\{1 - \frac{\tan[k(l_2 + l_3)]}{\tan(kl_1)} - \frac{(R_1 - R_2)\tan[k(l_2 + l_3)]}{kl_1 R_3}\right\}\tan(kl_2) = 0 \end{aligned} \tag{3.63}$$

图 3.26 是复合型圆锥形变幅杆尺寸图，其具体尺寸见表 3.14。此处的变幅杆材料采用铝合金，并在大端处添加一法兰盘，用于变幅杆与其他装置进行连接。轴向振动频率 f 拟定为 20kHz，波速 $c = \sqrt{E/\rho} = 5100\text{mm/s}$，角波数 $k = 2\pi f/c = 24.6$，其余尺寸根据实际连接确定。

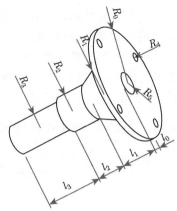

图 3.26　复合型圆锥形变幅杆尺寸图

表 3.14　复合型圆锥形变幅杆具体尺寸表　　　　　　　　　　（单位：mm）

参数	数值	参数	数值	参数	数值
R_0	40	R_4	3	l_2	20
R_1	25	R_5	M8	l_3	45
R_2	12.5	l_0	4		
R_3	10	l_1	25		

3. 超声变维振动辅助钻削加工装置模型

基于上述压电换能器与变幅杆的设计，结合选择的导电滑环、连接套筒和连接刀具的 ER 接头等构建了超声变维振动辅助钻削加工装置模型如图 3.27 所示，装置包括机床连接套筒、机床连接杆、导电滑环、振动单元（换能器和变幅杆）。

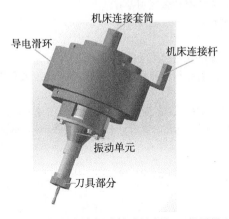

图 3.27　超声变维振动辅助钻削加工装置模型

3.8.5　超声变维振动辅助钻削加工装置的装配

　　压电陶瓷作为超声变维振动辅助钻削加工装置的激励发生单元，其抗压强度约为 $5\times10^8\mathrm{N/m^2}$，大约是其抗张强度的 10 倍，因此在大功率状态下，若压电陶瓷处于拉伸状态，则极易出现破裂现象，因此需要在装配过程中施加一个预紧力，从而保证压电换能器在工作过程中其压电陶瓷始终处于一个压缩状态，并且压电陶瓷振动产生的伸张应力总小于其抗压强度，可以安全、稳定地运行。本书选择了既能产生很大的恒等预紧力，又有一定弹性的合金钢预紧力螺栓作为压电换能器与复合型圆锥形变幅杆的连接件，表 3.15 为其相关参数表。相关研究表明，预紧力的大小对整个装置的能量传输效率、压电陶瓷工作情况有着很大的影响。图 3.28 为超声变维振动辅助钻削加工装置的实物图。

表 3.15　合金钢预紧力螺栓相关参数表

弹性模量/GPa	切变模量/GPa	泊松比	螺纹尺寸	预紧力矩/(N·m)
208	79.4	0.25	M8mm×1.5mm	15

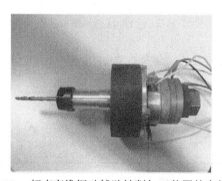

图 3.28　超声变维振动辅助钻削加工装置的实物图

思 考 题

3.1 目前变幅杆的四类设计方法有什么区别？

3.2 如何选择变幅杆的类型？

3.3 给出变幅杆设计的步骤。

3.4 试推导纵向振动、扭转振动和弯曲振动的波动方程。

3.5 试给出圆锥形、指数形、悬链线形和阶梯形四种变幅杆的放大系数、形状因数和输入阻抗之间的关系。

3.6 设变幅杆所用材料为 45 号钢，工作频率 $f = 30\mathrm{kHz}$，波速 $c = 5.17 \times 10^6 \mathrm{mm/s}$，变幅杆面积比为 4，变幅杆末端夹持刀具的直径为 6mm，试设计一半波长圆锥形变幅杆。

第 4 章　复合材料的切削加工机理

4.1　复合材料的切削加工特点及问题

4.1.1　复合材料的切削加工特点

复合材料是指由两种或两种以上的机械、物理和化学性质完全不同的物质，经人工合成制造出多相组成的固体材料，从而获得单一组成材料所不具备的性能和功能，既保留原组分材料的主要特色，又通过复合效应获得原组分所不具备的性能，从而取长补短，产生协同效应。

复合材料最早出现于 20 世纪 40 年代，并在 20 世纪 60 年代初期便应用于航空航天产品的结构，其所具备的比强度高、比模量大、耐腐蚀且可设计性等一系列优点，满足了航空航天产品对减小质量、提高结构强度、延长使用寿命、降低维护成本的要求。在战斗机应用中，F/A-18"大黄蜂"战斗机中的先进复合材料质量在其结构质量中占比 12.1%；AV-8B"鹞式"Ⅱ 战斗机中的复合材料质量占其结构质量的 26%；F-22 战斗机中的先进复合材料质量约占其结构质量的 24%；F-35 战斗机中的先进复合材料质量占其结构质量的 38%。在民机应用领域，所用复合材料的质量在机身质量中的占比在空中客车 A380 中为 24%，在空中客车 A350 中为 52%，在波音 B787 中为 50%。

复合材料因具有轻质、高比强度、高比模量等优良特性在许多领域已取代金属材料获得了广泛的应用。复合材料成型后通常需要进行二次加工获得所需的几何尺寸、形状精度和表面质量，加工方式主要涉及钻削、车削、铣削、磨削和特种加工（水射流、激光加工、超声振动辅助加工等）。复合材料基体一般都是普通材料，而增强体通常为高强度或高硬度的材料，基体和增强体之间的协同效应阻碍了基体的塑性变形，导致复合材料的切削加工变形机制不同于普通材料。由于复合材料各向异性、热传导率低、硬度高、强度大及离散性等特性使其成为典型的难加工材料。因此，采用传统机械加工方法进行复合材料的切削加工存在一定难度。

大多数金属材料是均质和各向同性的，而复合材料往往是非均质和各向异性的，因此，复合材料的应力和变形之间的关系比传统材料复杂得多。

非均质复合材料对切削过程的影响主要体现在刀具交替与增强体材料和基体材料互相作用，在同一切削刃口的作用下，基体和增强体的去除机理各异，极易产生纤维拔出、基体剥落、表面撕裂等缺陷，进一步破坏已加工材料表面的质量。复合材料表面层在加工中会经受切削高温，切削过程中的热间接影响切削行为特征，在已加工表面容易累积缺陷，如烧伤、起毛、撕裂等。同时，切削热和基体塑性变形是复合材料加工后宏观残余应力的原因，加工后复合材料表层残留拉应力还是压应力取决于复合材料的具体结构和实际加工条件两个方面，凡使切削温度升高的因素都增大在已加工表面残余拉应力的倾向。实际上，复合材料加工后表面通常为残余压应力，或表面缺陷使大部分热应力和弹性恢复应力均被释放。

因此，应认识和掌握复合材料切削加工的规律，正确选择刀具材料和切削用量，以保证加工质量和较高的加工效率。在一般情况下，树脂基的复合材料较易切削，金属基的稍难，陶瓷基的更难；纤维加强的复合材料较易切削，颗粒加强的很难切削。

4.1.2 复合材料在切削加工中存在的问题

与传统的各向同性金属材料切削加工相比，复合材料的去除过程更为复杂、可加工性更差、已加工表面缺陷更为严重，这主要是由复合材料的非均质结构、各向异性力学特性及组成相的难加工性造成的，由于纤维的增强作用，阻碍了基体的塑性变形，使得复合材料的加工变形机理不同于金属材料。在众多复合材料中，聚合物基复合材料中的碳纤维增强树脂基复合材料是使用最多、应用最广的一种纤维增强树脂基复合材料，在此以碳纤维增强树脂基复合材料为例，分析复合材料的切削特性。

碳纤维增强树脂基复合材料的加工具有一定难度，但难度不大，在切削加工过程中易产生基体开裂、脱黏、分层、纤维断裂等缺陷。碳纤维增强树脂基复合材料在切削加工中的主要问题如下：

（1）材料产生分层破坏。分层是复合材料铺层之间脱黏而形成的一种破坏现象，分层会严重降低材料的使用性能，甚至使零件报废，即使微小的分层也是非常严重的安全隐患。

（2）刀具磨损严重、耐用度低。碳纤维增强复合材料切屑的形成过程是一个基体破坏和纤维断裂相互交织的复杂过程。因此，在切削加工过程中碳纤维作为硬质点连续磨耗刀具，在切削过程中产生的切削热主要传向刀具和工件，导致刀具快速磨损。

（3）产生残余应力。切削过程中的切削温度较高，而碳纤维增强体和树脂基体的热膨胀系数相差太大，因此容易产生残余应力。

（4）引起撕裂、毛刺、缩孔等缺陷。碳纤维增强树脂基复合材料属于各向异性材料，其纤维铺层方向对制孔有较大影响，特别是在单向板制孔时，极易引起劈裂等缺陷。此外，由于碳纤维增强树脂基复合材料的热导率小，而线胀系数大和弹性恢复好，因此容易造成缩孔现象。

在碳纤维增强树脂基复合材料切削加工中，存在较多的加工质量问题，影响着复合材料的实际使用。相比于聚合物基复合材料，金属基复合材料、陶瓷基复合材料和碳/碳复合材料的切削加工性能更差、加工质量问题更为突出。国内外学者针对复合材料在切削加工中的问题，从切削刀具、切削机理、切削力和切削热等方面开展了许多研究工作，取得了一些成果。

4.2 复合材料的切削机理及表面质量

4.2.1 复合材料的常用切削方法

1. 钻削加工

在复合材料上钻孔，一般采用干法。大多数热固性复合材料层合板经钻孔后会产生收缩，因此精加工时要考虑一定的余量，即钻头尺寸要略大于孔径尺寸，并用碳化钨或金刚石钻头。钻孔时最好用垫板垫好，以免边缘分层和外层撕裂。另外，钻头必须保持锋利，必须采用快速去除钻屑和使工件温升最小的工艺以保证钻孔的质量。

热塑性复合材料钻孔时，要避免过热和钻屑的堆积，为此钻头应有特定螺旋角，有宽而光滑的退屑槽，钻头锥尖要用特殊材料制造。一般钻头刃磨后的螺旋角为 $10° \sim 15°$，后角为 $9° \sim 20°$，钻头锥角为 $60° \sim 120°$。采用的钻速不仅与被钻材料有关，而且还与钻孔大小和钻孔深度有关。一般手电钻的转速为 900r/min 时效果最佳，而固定式风钻则在转速为 2100r/min 和进给量为 1.3mm/s 时效果最佳[11]。热塑性复合材料钻孔时的最佳参数见表 4.1。

表 4.1　热塑性复合材料钻孔时的最佳参数

参数	参数值
螺旋角	$10° \sim 15°$
后角	$9° \sim 20°$
钻头锥角	$60° \sim 120°$
转速	手电钻：900r/min 固定式风钻：2100r/min
进给量	固定式风钻：1.3mm/s

2. 铣削、切割、车削和磨削

聚合物基复合材料用常规普通车床或台式车床就可方便地进行车削、镗削和切割。目前加工刀具常采用高速钢、碳化钨和金刚石刀具。采用砂磨或磨削可加工出高精度的聚合物基复合材料零部件。最常用的是粒度为 30~240 的砂带或鼓式砂轮机。热塑性聚合物基复合材料用常规机械打磨时，要加冷却剂，以防磨料阻塞。磨削有两种机械可用：一种是湿法砂带磨床；另一种是干法或湿法研磨盘。使用碳化硅或氧化铝砂轮研磨时不要用流动冷却剂，以防工件变软。复合材料层合板采用一般工艺就能在标准机床上铣削，黄铜铣刀、高速钢铣刀、碳化钨铣刀和金刚石铣刀均可使用。铣刀后角必须磨成 $7° \sim 12°$，铣削刃要锋利。高速钢铣刀的铣削速度建议采用 180~300m/min，进刀量采用 0.05~0.13mm/r，采用风冷冷却[11]。

热塑性复合材料可以用金属加工车床和铣床加工。高速钢刀具只要保持锋利，就能有效使用，当然采用碳化钨或金刚石刀具效果更好。金属基复合材料一般用切割、车削、铣削和磨削就可加工。对大多数金属基复合材料而言，获得优良机加工产品的前提是刀具要锋利、切削速度要适当、要供给充足冷却液或润滑剂和大的进给速度。

4.2.2　复合材料切削刀具的特点

复合材料是典型的难加工材料，采用传统切削工艺会对刀具材料提出较高的要求。严重的刀具磨损和分层损伤是复合材料切削加工中最大的问题。国内外学者针对复合材料切削加工中的刀具问题开展了许多研究工作，从先进的刀具材料、刀具涂层技术、优化的刀具结构和加工工艺方面进行切削加工实验和工艺优化，为实现复合材料高效、高质量的切削加工提供了重要途径[12]。

Ferreira 等[13] 采用车削方式探究刀具材料对碳纤维复合材料的切削影响，实验中包括陶瓷、立方氮化硼（cubic boron nitride，CBN）和聚晶金刚石（polycrystalline diamond，PCD）刀具材料。结果表明相对于其他材料，PCD 刀具在加工碳纤维复合材料时可以保持较为锋利的刃口和较高的硬度、强度，在切削过程中表面摩擦系数低，能够有效地降低切削力、切削热，抑制分层、翻边、纤维拉出等加工缺陷。王昌赢等[14]通过实验证实，相比于传统刀具，金刚石涂层刀具在钻削碳纤维增强树脂基复合材料时，其轴向力可减小 30%，钻头寿命也大大延长。刘洋等[15]通过钻削碳纤维复合材料实验发现，金刚石涂层钻头加工过程中的轴向力相对于硬质合金麻花钻头小 40%、钻削温度降低 17%，能更有效地提高钻削加工效率。张伟等[16]将带锥体的电镀金刚石钻头与硬质合金导向钻头结合，融合了两者的耐磨特性和易散热、易排屑的特性，在复合材料制孔中采用后，加工效果良好。Fernandes 和 Cook[17]发现匕首形钻削刀具具有轴向力小、刃口锋利、排屑快的特点，极易切断纤维，抑制出入口的毛刺和分层现象。陈明等[18]研究发现三尖钻可以有效避免入口分层、撕裂，以后避免出口分层缺陷，但会导致出口出现撕裂现象。

合理的刀具结构和几何参数可以减小切削力，利于断屑、排屑和散热，提高加工质量和延长刀具寿命。不少学者曾针对不同复合材料的钻削加工做了大量的实验，采用不同材料、不同钻头后角角度、不同钻速进行了对比实验。结果表明：加工碳纤维复合材料时，采用硬质合金钻头明显优于普通材料的钻头，钻孔分层较少、毛刺较少、钻头磨损少。因此，为了改善复合材料制孔质量和效率，一系列专用几何结构刀具得到了开发和应用，如改型麻花钻、匕首钻、多面钻、三尖钻、套料钻等。麻花钻作为最常见的钻孔刀具，具有结构简单的特点，在复合材料制孔中得到了广泛的应用。

加工复合材料构件的刀具材料须满足以下几个要求：① 刀具会在前刀面和后刀面上与切屑和已加工表面产生剧烈摩擦，因此刀具前、后刀面应该具有良好的抗摩擦磨损性能；② 工件温度升高可能会导致基体降解，因此刀具必须具有良好的红硬性和热扩散性；③ 由于刀具刃口的快速磨损会引起复合材料的显著缺陷（如纤维拔出、分层等），因此切削刃的耐磨性非常重要。目前，工业上应用的刀具材料按硬度从低到高依次为高速钢、硬质合金、立方氮化硼、金刚石、陶瓷。

（1）高速钢（high speed steel, HSS）：含有钨、铬、钼和钒等元素的高合金钢。为提高刀具性能，可通过物理气相沉积（physical vapor deposition, PVD）方式在高速钢刀具表面镀一薄层（$1 \sim 5 \mu m$）的高硬度材料，常见的薄层材料主要有氮化铬 (CrN)、氮化钛 (TiN)、碳氮化钛 (TiCN)、氮化铝钛 (TiAlN)。但由于其较低的耐磨性，高速钢在复合材料加工中应用很少（不过，对于小批量、加工质量要求不高的情况，高速钢刀具也适用）。

（2）硬质合金（cemented carbide, CC）：一种采用粉末合金工艺制成的材料，它具有远远胜于高速钢材料的高硬度和高耐磨性，这归功于其组织中硬质合金、碳化钛细颗粒的存在。为进一步提高硬质合金性能，常采用离子镀膜工艺如 PVD 或者化学气相沉积（chemical vapor deposition, CVD）在硬质合金刀具表面镀硬质材料。目前有很多种涂层材料（TiN、TiCN、TiAlN、Al_2O_3、金刚石涂层等）都可以通过涂层工艺很好地与硬质合金刀具基体材料进行结合。

硬质合金是高硬度、难熔的金属化合物粉末 [碳化钨 (WC)、TiC 等]，用钴或镍等金属做黏结剂压坯、烧结而成的粉末冶金制品。它的耐热性好，能耐高达 $800 \sim 1000 ℃$ 的切削温度。同时，硬质合金刀具的硬度高、锋利性好、耐磨损、比高速钢刀具耐用，其形状保持性更是高速钢无法比拟的，另外，硬质合金刀具还有使用寿命长、加工质量好、精度高等优点。

（3）立方氮化硼（CBN）：立方氮化硼刀具可通过多种方式获得，即通过电化学沉积方法沉积在硬质合金基体上，将 CBN 板坯烧结钎焊在硬质合金板材上，或者直接烧结在硬质合金基体上。

（4）金刚石（diamond）：最坚硬的材料。金刚石刀具也可通过多种方式获得，即通过电解黏结剂（Ni）将人工合成或天然金刚石晶体沉积在高速钢或硬质合金基体上，通过将金刚石颗粒和 Co 黏结剂烧结在硬质合金基体上形成聚晶金刚石（PCD）刀具。

（5）陶瓷：不适合作为复合材料加工刀具材料，因为陶瓷的抗冲击能力和抗热冲击能力都较差，推荐硬质合金或 PCD 刀具用于纤维增强复合材料的加工，若注重良好的耐磨性能，可优先采用 PCD 刀。

各种刀具材料制作工艺及性能特点如图 4.1 所示。由于在加工复合材料时刀具会连续遭受基体和纤维的磨损，因此，切削力变化很大，比如，加工硼纤维增强铝基复合材料时，刀具必须经受铝基体和硬的硼纤维磨损；在加工玻璃/环氧复合材料时，刀具必须承受低温软的环氧基体和脆性的玻璃纤维的磨损。对于玻璃纤维增强复合材料，高速钢是最常用的刀具材料；在加工芳纶纤维增强复合材料时，一般采用硬质合金刀具或 PCD 刀具。刀具对复合材料切削加工的质量有重要影响，还没有形成统一的刀具标准，因此，切削工艺研究结果缺乏可比性。

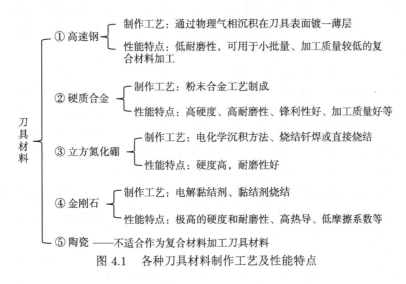

图 4.1 各种刀具材料制作工艺及性能特点

4.2.3 复合材料的切削加工机理

20 世纪 70 年代以前，复合材料的加工基本沿用金属材料的加工刀具和切削工艺，在切削过程中遇到较多的问题，这些问题的出现给复合材料的加工提出了新的挑战。20 世纪 70 年代以后，国际上陆续发表了关于复合材料加工的论文。在大量实验的基础上，Koplev 等 [19] 最先提出复合材料切屑形成过程是材料断裂过程的观点，他们认为复合材料切削表面质量与纤维的取向有关，并得到了行内学者的支持。研究者们在材料变形与去除机理、切削力及切削热产生机理、刀具磨损机理等方面陆续开展了一系列研究工作，为复合材料切削加工提供了理论基础。

Wang 等 [20] 研究了碳纤维增强复合材料正交切削时的材料去除机理，探究了刀具几何角度、切削参数等因素对切削力、已加工表面的影响。郑雷等 [21] 通过扫描电镜对采用烧结金刚石钻头加工的纤维复合材料孔壁进行了微观观察，分析了纤维的断裂机理，并总结了纤维断口的若干形貌。李桂玉 [22] 根据有限元仿真分析了钻削过程中切屑的形成。另外，还有较多研究者应用有限元仿真对纤维增强复合材料的切削机理和切屑形成进行了分析，总结了纤维增强复合材料切削的有限元仿真分析方法。

切削力是材料切削中各种物理现象的根源，切削过程中切削力产生的切削热、刀具磨损等，会影响材料加工表面质量。在复合材料切削加工中，增强纤维是切削过程中的主要磨损要素，复合材料的基体在切削过程中主要将切削力传递到纤维上，致使制品出现纤维松动、内部脱黏、分层等缺陷，降低了复合材料制品的力学性能，使材料加工表面粗糙度变差。

国内外学者根据复合材料的特性，通过大量实验研究提出了许多关于切削力性质的模型。Hocheng[23] 根据纤维增强复合材料含有两种机械性能和热学性能完全不同的两相材料的特点，在 C/PEEK、C/ABS 和 C/E 复合材料磨削实验的基础上，提出了预测复合材料切削力的机械学模型，分析了纤维方向对切边、表面粗糙度和切削力的影响。Wern 和 Ramulu[24] 用光弹法研究和分析了复合材料切削过程中的应力场分布，他们发现不同切削方向的纤维表面通过剪切和拉伸断裂而破坏，当刀具与工件成一定角度时纤维通过剪切和弯曲失效而破坏，在纤维与切削方向成 45° 夹角时可以明显观察到纤维—基体间的黏结破坏，研究结果表明纤维方向对切削力和应力场的分布有重要影响。日本大阪大学通过 CFRP 切削实验得出结论：在碳纤维与切削方向成任意角度情况下，纤维被切断的原因都是由刀具前进引起的垂直于纤维自身轴线的剪切应力超过剪切强度极限造成的。Koplev 等 [19] 在前人研究的基础上，观察到了切削方向平行或垂直于纤维方向的区别，提出用垂直或平行纤维方向的合力来预测切削力的大小。张厚江等 [25,26] 多年来一直致力于碳纤维复合材料钻削工艺的研究，针对单向 CFRP，初步建立了正交切削力模型，由于模型简化较多，且未考虑刀具刃口钝圆及工件回弹现象，与预测结果有一定差距。

上述研究从不同角度研究了纤维方向与切削力之间的关系，建立了相应切削过程中的纤维破坏模型，对指导复合材料加工具有重要的价值，但建立的切削力模型不足以解释各类复合材料的切削特性，不具有通用性。

切削热是切削过程中一种重要的物理现象。复合材料切削热一方面来自纤维断裂和基体剪切所消耗的功，另一方面来自切屑对前刀面的摩擦和后刀面与已加工表面之间的摩擦所消耗的功。由于复合材料的导热性能差，切削过程中产生的切削热将主要传向刀具和工件，导致刀具的快速磨损，影响表面粗糙度，甚至损伤复合材料工件的性能。因此，如何测量出切削热温度场分布成为研究的重要方向，国内外学者先后采用热像仪、红外测温仪、人工热电偶等手段测试了复合材料切削过程中的切削热，一系列的复合材料的切削加工实验表明，切削热主要由刀具后刀面与已加工表面之间的摩擦产生，一般转速越高，切削温度越高，进给量越大，切削温度越低 [27]。目前的切削热研究还需要更深入细致，依据复合材料切削热的产生规律建立起模型，为改进刀具结构及完善加工参数提供数值依据。

4.2.4 复合材料的加工缺陷

复合材料加工与金属材料加工有很大的不同，将产生一些独特的加工缺陷，已有大量研究工作观察到了这些缺陷的存在。复合材料加工中出现的大多数问题均与加工质量相关，主要的加工缺陷包括：① 机械损伤产生的缺陷，即纤维拔出、分层、撕裂及材料表面裂纹等；② 热损伤产生的缺陷，即基体烧伤等；③ 化学损伤产生的缺陷，即基体材料缩水和纤维与基体界面分离。复合材料加工中产生的机械与热冲击造成了缺陷，图 4.2 为产生的分层、烧伤、毛刺和撕裂缺陷。

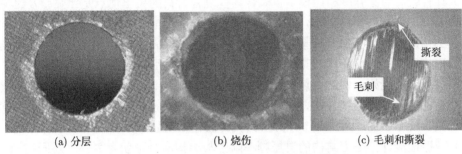

(a) 分层　　　　　　　　(b) 烧伤　　　　　　　　(c) 毛刺和撕裂

图 4.2　产生的分层、烧伤、毛刺和撕裂缺陷

4.3　聚合物基复合材料的切削加工性

4.3.1 聚合物基复合材料的性能特点

聚合物基复合材料是指以有机聚合物（主要为热固性树脂、热塑性树脂及橡胶）为基体制成的复合材料，其增强体包括碳纤维、硼纤维、玻璃纤维等，聚合物基复合材料的基体包括热固性树脂（聚酯树脂、环氧树脂、酚醛树脂）、热塑性树脂、橡胶等。聚合物基复合材料的种类很多，包括颗粒增强复合材料和纤维增强复合材料两大类，其中颗粒增强复合材料易在材料内部产生较大的应力集中，应用较少。工业中经常应用的有聚酯树脂、环氧树脂、酚醛树脂及各种热塑性聚合物基复合材料。聚酯树脂主要应用于玻璃纤维增强，用于绝大部分 GFRP 制品，以及一般要求的结构，如汽车、船舶、化工、电子电器等；环氧树脂使用范围最广，性能最好，用于主承力结构或者耐腐蚀性制品等，如飞机、宇航等；酚醛树脂多用于玻璃纤维增强，如烧蚀材料、飞机内部装饰、电工材料等。

在航空、航天、汽车、石油化工等工业中，纤维增强复合材料用得较多，主要类型如下所述。

（1）玻璃纤维增强复合材料，主要由 SiO_2 玻璃熔体制成，某些性能接近于钢，可代替钢使用，故又称"玻璃钢"，现已成为一种常用的工程结构材料，基体多为环氧树脂。

（2）碳纤维增强复合材料，其性能优于玻璃钢，现已得到广泛应用。碳纤维增强复合材料是目前为止在航空航天器结构件上覆盖面最广、使用量最大的先进复合材料。该材料以碳纤维为增强体、环氧树脂为基体，其密度大约为铝合金的 60%，可以使结构件的质量降低到原先的 20%～25%。

（3）硼纤维增强复合材料，应用起步稍晚，性能与碳纤维增强复合材料接近。基体为环氧树脂，增强体为硼纤维。

（4）芳纶纤维增强复合材料，其增强体为芳香族聚酰胺纤维，又称"芳纶纤维"。它的基体也是环氧树脂，性能也较佳。

上述以玻璃纤维、碳纤维、硼纤维、芳纶纤维为增强体的复合材料在航空航天工业有广泛的应用，例如，大型民用客机中从主要结构的尾翼、主翼、水平翼到二次结构的活动翼、地板等；它们可代替铝合金和钛合金，甚至部分钢材，因为它们的机械性能好，且能减小构件的质量，因而得到了广泛的应用。

与传统金属材料相比，聚合物基复合材料具有下列特点。

（1）具有较高的比强度和比模量。聚合物基复合材料的突出优点是比强度及比模量高，比强度是材料的强度与密度之比，而比模量为材料的模量与密度之比，其量纲均为长度。在质量相等的情况下，比强度和比模量是衡量材料承载能力和刚度特性的指标。对聚合物基复合材料而言，其比强度和比模量高主要是由于其中的增强纤维的高性能和低密度。

（2）抗疲劳性能好。多数金属材料的疲劳强度极限仅为其拉伸强度的 30%～50%，而且金属材料的疲劳破坏是突发的，事前很难检测与预防。碳纤维增强复合材料的疲劳强度极限可达其拉伸强度的 70%～80%，并且其疲劳破坏有明显的预兆。

（3）减振性能好。受力结构的自振频率除了与结构本身形状有关外，还同结构材料的比模量平方根成正比，所以复合材料具有较高的自振频率，由复合材料成型的结构一般不易发生共振，同时，复合材料的界面有较高的吸收振动能量的能力。

此外，聚合物基复合材料还具有高温性能好、安全性好、可设计性强、成型工艺简单等特点。比如，常用的玻璃纤维增强复合材料的突出特点是比重小、比强度高，具有良好的耐腐蚀性，也是一种良好的电绝缘材料，还具有保温、隔热、隔音、减振等性能。聚合物基复合材料也存在一些缺点和问题，比如，成型工艺的自动化程度低，材料性能的一致性和产品质量的稳定性差，质量检测方法不完善，长期耐高温和环境老化性能不好等。

4.3.2　聚合物基复合材料的切削加工机理

聚合物基复合材料的切削加工机理主要包括材料的去除机理、刀具磨损机理、加工缺陷形成机理等。聚合物基复合材料的纤维方向、成型制备工艺不同，都会影响聚合物基复合材料的切削加工性，包括纤维方向对切削加工、刀具磨损和切削力的影响，以及纤维类型对切削过程的影响。

聚合物基复合材料的纤维方向与切削方向间的角度关系如图 4.3 所示，其中，θ 为纤维方向角、γ_0 为刀具前角、α_0 为刀具后角。理论上，纤维方向与切削方向两者间可以成任意角度，但实际纤维铺层方向一般取一些典型值，所以，如果切削方向平行于 0° 纤维方向，那么纤维方向与切削方向间的夹角一般为 0°、45°、90° 等角度。

对于刀具前角为正的刀具，纤维方向角 θ 不同，会有不同的切削变形和切屑形成形式。研究人员在不同时期进行了一系列纤维方向为 0° 和 90° 的碳纤维增强复合材料切削实验。在这些实验中，都采用了一种新的切屑分离技术：切削之前，在工件表面涂一层黏合橡胶水以保持复合材料"宏观切屑"的形态，这种处理方法避免了粉末形式的切屑出现。

在纤维方向角 θ 为 0° 时，切屑的形成是通过不断地将切削层材料与基体材料分离来实现的，这种切削变形形式称为层间分离型。在 0° < θ ≤ 90° 时，切断纤维在刀具前刀面推挤作用下，沿纤维方向产生滑移，切断纤维与其他纤维分离，形成切屑，这种切削变形

形式称为纤维切断型。在 $90° < \theta \leqslant 180°$ 时，刀具前端材料在刀具作用下发生弯曲，当弯曲应力超过碳纤维增强复合材料的弯曲强度极限时，发生剪切断裂，形成切屑，这种切削变形形式称为弯曲剪切型 [1]。

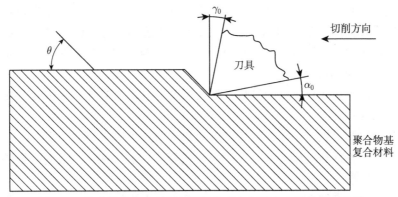

图 4.3　聚合物基复合材料的纤维方向与切削方向间的角度关系

聚合物基复合材料切削加工中的刀具磨损机理主要是指磨料磨损，磨料磨损主要由切屑-刀具和刀具-工件接触面之间的摩擦而产生，这主要是切屑和工件内部较硬的成分（主要是纤维）在起作用。磨料磨损以条纹状区域的形成或切削刃锋利度（切削刃圆弧半径的增加）的下降为主要特征。当切削刃半径和纤维直径大小相当时，纤维能比较顺畅地被切断，当切削刃半径是 5~10 倍的纤维直径时，纤维就难以被切断。

刀具的前刀面和后刀面都存在磨料磨损，但后刀面的磨损更为严重 [11]。纤维碎片和嵌入的纤维之间的摩擦是磨损产生的主要原因。刀具切削刃越不锋利，产生的材料去除抗力和摩擦力就越大，在较低的切削速度下，复合材料和刀具后刀面之间的摩擦将在工件表面产生。对于纤维方向角为 45° 的聚合物基复合材料，其纤维在刀具后刀面将产生更加强烈的摩擦，对于纤维方向角为 0° 和 90° 的聚合物基复合材料，其摩擦程度则较轻。因此，可以选择锋利的刀具避免严重刀具磨损的产生。

聚合物基复合材料的切削加工机理很大程度上由纤维类型决定。碳纤维和玻璃纤维都是脆性的，但它们有不同的微结构，它们对刀尖刻划切口非常敏感，也通常因刀具剪切作用而被切断。玻璃纤维会对刀具产生研磨作用。碳纤维很难被切断，这是因为其具有很高的杨氏模量，这决定了纤维的石墨化水平，碳纤维也存在对刀具的研磨作用。芳纶纤维是一种相对较硬的有机物材料，是一种脆性材料，这种纤维不容易被切断且易于产生毛刺。为了获得光滑的切削表面，需要对芳纶纤维进行拉伸以使得用更锋利的刀具能轻易地将其切断。芳纶纤维的脆性断裂是因为它的宏观分子结构在半径方向具有较弱的分子键，使得分子链之间容易产生滑移，这解释了芳纶纤维容易产生毛刺的原因。芳纶纤维的抗压能力较低，这有利于纤维在基体中收缩及避免被切断。芳纶纤维的这种特性意味着其需要采用专用且合适的几何尺寸的刀具进行切削加工。

随着纤维方向角的变化，聚合物基复合材料中纤维切削加工的材料去除断裂方式是完全不同的，即有层剥断裂、挤压剪切断裂、弯曲剪切断裂等纤维断裂方式，所形成的微观纤维断口具有各自独特的形貌和轮廓。此外，在纤维方向角固定的情况下，加工参数、刀具参数、刀具磨损程度都会影响聚合物基复合材料缺陷的形成。

4.3.3   聚合物基复合材料的切削加工工艺

聚合物基复合材料的切削加工工艺主要有钻削、车削和铣削等，采用常规的加工机床就可以方便地进行钻削、车削和铣削，目前加工常用的刀具有高速钢刀具、硬质合金刀具、金刚石刀具等，采用磨削可加工出高精度的聚合物基复合材料零部件。加工聚合物基复合材料具有如下一些共同特点：

（1）由于聚合物基复合材料的导热系数低（仅为中碳钢的 1/10~1/5），故切削温度高，基体容易软化或烧焦；

（2）切削力比加工钢材时小，但切深抗力和进给抗力常大于主切削力；

（3）纤维排列方向对切削力和加工表面粗糙度有较大影响，一般对纤维顺切时，切削力大，但表面粗糙度小；

（4）因纤维的硬度较高，故对刀具切削刃具有擦伤作用，且在后刀面能形成沟槽磨损；

（5）因金刚石刀具的硬度很高，且切削刃能够磨得很锋利，有利于割断纤维，故切削效果最好。

4.3.4   聚合物基复合材料的钻削

钻削是聚合物基复合材料加工的主要工序，制孔的质量对复合材料的结构强度有较大的影响，要确保装配后的质量，需在钻削中保证制孔质量。

1. 加工刀具

采用高硬度刀具实验证明，用高速工具钢、普通硬质合金刀具加工树脂基玻璃纤维复合材料时，刀具磨损极为严重，加工效率低下，因而必须选用更高硬度的刀具。

2. 加工参数

刀具的类别和几何结构的选择会对钻削纤维增强复合材料层合板时切削速度和进给量的选择产生很大的影响。但是，相比于金属，用来加工聚合物基复合材料的钻头能够同时承受较高的切削速度和进给量。而且，钻头直径的选择依赖于待加工零件的要求而不是理想的切削条件，并和切削速度、进给量共同决定了材料去除率，进而决定钻机功率消耗。一系列的研究指出，预钻孔对于减少复合材料加工中的损伤很重要。

用高速钢和碳化钨钻头钻削纤维增强复合材料时，典型的切削速度值的变化范围为 20~60m/min，在现有公布的文献里，0.3mm/r 是进给量的最大值。较高的切削速度值可能会导致基体的软化和烧伤，并堵塞刀具导屑槽。另外，切削速度的增大会导致推力和扭矩的下降。除此之外，由于现实中钻头的直径很少超过 10mm，在较高的切削速度条件下，加工需要的高转速可能在大多数机床中都达不到。就进给速度而言，它是影响复合材料加工损伤的主要参数，因此，为了生产出合格的产品，尽量采用较低的进给速度。采用高速钢作为切削刀具材料会导致高的磨损率，高的磨损率又会导致较高的推力，进而在复合材料中产生严重的加工缺陷。因此，必须采用低的进给速度，尤其是当刀具磨损增加时。

但是，相比于钻削，车削时的切削速度会随着工件材料直径的增大而增大。超硬刀具材料更容易设计和加工出需要的刀具几何结构。因此，碳纤维增强复合材料的加工可以通过涂层硬质合金刀具和 PCD 镶嵌刀具（分别采用临界切削速度 100m/min 和 300m/min）来实现，同时也不会对复合材料造成损伤。为了在不影响产品质量的情况下提高生产效率，人们已经进行了各种研究，其中有两项是值得关注的，即加支撑垫板和采用可变进给装置，垫板的使用能减少由钻尖产生的推力所造成的层合板底部的层间断裂现象，从而避免钻头钻出复合材料时造成的分层缺陷。但是把支撑垫板与层合板叠在一起加工，会增加钻削时间，这是其主要的缺点。

3. 刀具磨损

切削金属材料时，磨粒磨损相比于扩散磨损和黏结磨损来说只是次要因素，但在加工纤维增强复合材料时，磨粒磨损则是主要的磨损机理，主要是由基体和增强体强度的不同造成的。在加工玻璃纤维增强复合材料后，可以观察到严重的前段磨损和切削刃钝化。由高温所造成的磨粒磨损被认为是主要的磨损机理。在碳纤维复合材料的加工中，观察到了均匀的刀尖圆角磨损、侧面磨损和月牙洼磨损，在刀具中的碳化物颗粒也被去除了，因为它们与碳纤维有亲和性。

为了减少钻削玻璃纤维增强环氧树脂复合材料层合板时刀具的磨损，在进给方向可引入低频率和大振幅的轴向振动。结果表明，相比于传统的钻头，刀具的磨损减少了，原因可能是摩擦系数和切削区域的温度降低了。用高速钢钻头在玻璃纤维增强环氧树脂复合材料层合板上加工 1000 个孔后，在不考虑切削速度的影响下，进给率从 0.04mm/r 增加到 0.2mm/r 导致刀具磨损减少，原因是刀具和具有研磨作用的玻璃纤维之间的有效接触长度减小了。当切削速度从 55m/min 增加到 86m/min 时，并不能清晰地观察到它对刀具磨损的影响，但是我们可以预计当切削速度增加时刀具磨损也会增加，尤其是在使用高速钢的情况下，因为切削温度微量的增加就会引起高速钢钻头强度的变化。在同样的条件下，硬质合金钻头上的磨损可以忽略不计，相比之下，钻削玻璃纤维增强环氧树脂复合材料层合板时，进给速度的增大会加剧高速钢钻头的磨损。但是对于切削速度而言，还没有发现明显的规律。

4. 表面质量

表面质量是用来描述被加工零件表面组织结构特性和金相特性满足指标要求的术语。虽然纤维增强聚合物基复合材料不会明显地发生金相的变化，但是加工条件会大幅度地影响产品的表面质量。

一般而言，航空和汽车领域零件上加工的孔主要用于传递结构负载，因此孔的质量和精度对于接合处可承受的强度来说至关重要。特别是在航空工业中，由钻孔造成的经济损失是巨大的，尤其是当零件进入装配阶段时需要考虑相关的附加成本。

5. 钻削分层

在纤维增强聚合物基复合材料的钻削过程中，由于其具有各向异性，会出现一些其他复合材料不会出现的问题，例如分层、毛刺、撕裂等损伤形式。钻削纤维增强聚合物基复合材料的损伤形式主要有以下四种：① 钻头入口处的分层现象（剥离分层），有代表性的是在单向板层中观察到的分层，它造成了第一层的撕裂；② 几何缺陷，由交替变化的弯曲和压缩应力引起；③ 热缺陷，由纤维和微细刃口之间的摩擦引起；④ 钻头出口处的分层（推出分层），一般比钻头入口处的分层严重，因为未钻削层材料不能承受法向应力会发生断裂。在各种损伤形式中，最重要的阶段发生在钻头的入口和出口附近，由于存在剥离和推出效应，在入口和出口处容易发生分层，导致大范围损伤。钻头入口处的分层是由钻削力作用引起的，由于右螺旋槽刃口的作用产生了向上的轴向剥离力，该轴向剥离力造成了层间的分离[28]。至于推出分层，当钻头靠近出口端时，未钻削层材料的厚度逐渐减小，进而造成了抗变形能力的下降。当轴向负载超过了层间结合强度时，分层就产生了。

4.4　金属基复合材料的切削加工性

4.4.1　金属基复合材料的分类及性能特点

金属基复合材料以金属或合金为基体，以纤维、晶须、颗粒等为增强体，通过合适的工艺制备得到。金属基复合材料与传统的金属材料相比，具有较高的比强度与比模量，而与树脂基复合材料相比，又具有优良的导电性与耐热性，与陶瓷基复合材料相比，还具有高韧性和高抗冲击性能。这些优良的性能让它在航空航天领域得到了广泛应用。

通常，金属基复合材料根据增强体形态、基体种类或材料特性进行分类。按照增强体形态可以分为：颗粒增强金属基复合材料、晶须增强金属基复合材料和纤维增强金属基复合材料；按金属或合金基体的不同，可以分为铝基、钛基、铜基、高温合金基、金属间化合物等。由于金属基复合材料的特性，特别是力学性能与增强体的形态、体积分数、取向及分散等直接相关，故多采用增强体形态对复合材料进行分类。金属基复合材料构件的使用性能要求是选择金属基体材料最重要的依据。例如，高性能发动机要求复合材料不仅有高比强度、高比模量性能，还要求复合材料具有优良的耐高温性能，能在高温、氧化性气氛中正常工作。一般的铝、镁合金就不宜选用，而需选择钛基合金、镍基合金及金属间化合物作为基体材料，如碳化硅/钛基复合材料、钨丝/镍合金基复合材料可用于喷气发动机叶片、转轴等重要零件。

由于增强体的性质和增强机理的不同，在基体材料的选择原则上有很大差别。对于连续纤维增强金属基复合材料，纤维是主要承载物体，纤维本身具有很高的强度和模量，对非连续纤维增强金属基复合材料具有决定性的影响。由于金属基复合材料需要在高温下成型，所以在金属基复合材料中的金属基体与增强体在高温下复合的过程中，处于高温热力学不平衡状态下的纤维与金属之间很容易发生化学反应，在界面形成反应层。

按照所用基体金属的不同，金属基复合材料具有以下性能特点：

1）高比强度、高比模量

（1）纤维增强金属基复合材料的比强度、比模量明显高于金属基体。

（2）颗粒增强金属基复合材料的比强度虽无明显增加，但比模量明显提高。

（3）金属基复合材料的横向模量和剪切模量远高于聚合物基复合材料的。

2）高韧性和高抗冲击性能

（1）金属基复合材料中的金属基体属韧性材料，受到冲击时能通过塑性变形来接收能量，或使裂纹钝化，减少应力集中而改善韧性。

（2）相对于聚合物基复合材料、陶瓷基复合材料而言，金属基复合材料具有较高的韧性和抗冲击性能。

（3）在硼/铝复合材料中，在铝中扩展的裂纹尖端应力可达到 350MPa，而纤维的局部强度接近 4.2GPa。当裂纹在垂直于外张力载荷方向扩展时，会受到纤维/基体界面的阻滞。因为当基体中裂纹顶端的最大应力接近基体的拉伸强度，而低于纤维的断裂应力时，裂纹或在界面扩展钝化，或因基体的塑性剪切变形而钝化，从而改善了复合材料的断裂韧性。

3）对温度变化和热冲击的敏感性低

（1）与聚合物基复合材料、陶瓷基复合材料相比，金属基复合材料的物理与机械性能具有高温稳定性，即对温度不敏感；耐热冲击性能优良。

（2）特别是聚合物基复合材料的耐热冲击性能对温度变化非常敏感，在接近其玻璃化温度时更为明显。

（3）陶瓷基复合材料的耐热冲击性能与金属基复合材料相比也比较差。

4）表面耐久性好，表面缺陷敏感性低

金属基复合材料中的金属基体能通过塑性变形来接收能量，或使裂纹钝化，因而表面耐久性好，表面缺陷敏感性低，尤其是晶须、颗粒增强复合材料常用作工程中的耐磨部件。

5）导热、导电性能好

金属基复合材料中的金属基体占有很大的体积分数，一般在 60% 以上，因此仍保持金属特有的良好导热和导电性能。良好的导热性可以有效传热、散热，保持构件尺寸稳定性，而导电性可以防止构件产生静电聚集的问题[29]。

4.4.2　金属基复合材料的切削加工机理

金属基复合材料由于连续纤维、晶须、颗粒等增强体的存在，给切削加工带来较大的困难。对于纤维增强金属基复合材料，沿纤维方向材料的强度高，而垂直纤维方向材料的性能低，纤维与基体的结合强度低，因此在加工中易出现分层脱黏现象，破坏了材料的连续性，用常规的方法和刀具难以加工。而晶须、颗粒增强金属基复合材料由于增强体很坚硬，本身就是磨料，加工中对刀具磨损严重。为此，开发了激光束加工、超声波加工等加工方法，以及采用比较有效的金刚石、聚晶金刚石等刀具进行加工[30]。

金属基复合材料的切削机理与其他大多数材料均不相同，这可从切削类型区加工后的表面特征明显地反映出来。快速落刀实验及显微观察表明，金属基复合材料的切削机理很大程度上由材料的断裂行为控制。金属基复合材料通常由塑性好、强度较低的基体与强度高、脆性大的增强体复合而成，因此其切削表面的塑性变形机制有别于普通金属材料，金属基复合材料的切屑一般为短的节状切屑或挤裂切屑，切屑内有大量的显微裂纹，在特定条件下，如刀刃很锋利时，亦可形成长螺卷屑。金属基复合材料切削时倾向于崩解、塌落而不像韧性材料那样发生剪切断裂。但是，金属基复合材料的切削机理比其他产生不连续切屑的脆性材料复杂得多。增强体在切削过程中会引起应力集中，并且导致显微裂纹的产生，同时增强体的存在将影响裂纹的扩展过程，最终影响金属基复合材料的断裂及切屑的形成。例如，用不同的刀具切削 SiC/Al 复合材料，在各种切削速度下，尤其是在低速时刀具表面均有积屑瘤产生，积屑瘤的存在对切屑的形成、刃具磨损及工件表面质量均有影响。

4.4.3　金属基复合材料的应用

由于金属基复合材料具有极高的比强度、比模量及高温强度,在航空航天领域得到了应用,今后也将在航空航天领域占据重要位置。此外,其在汽车、体育用品等领域也得到了应用,特别是晶须增强金属基复合材料和颗粒增强金属基复合材料。目前铝基复合材料、镁基复合材料、铁基复合材料的发展较为成熟,已经在航空航天、电子、汽车等工业中得到了应用。

与传统的单一金属、陶瓷、高分子等工程材料相比,金属基复合材料除了具有优异的力学性能外,还具有某些特殊性能和良好的综合性能,其应用范围也越来越广泛。金属基复合材料一开始因价格比较昂贵,最早应用于航空航天和军事领域。而随着新的材料制备技术的研制成功和廉价增强物的不断出现,金属基复合材料正越来越多地应用于汽车、机械、冶金、建材、电力等民用领域,显示出广阔的应用前景和巨大的经济效益、社会效益。

4.5　陶瓷基复合材料的切削加工性

4.5.1　陶瓷基复合材料的性能特点

陶瓷基复合材料(CMC)是以陶瓷材料为基体与以高强度纤维、晶须、晶片或颗粒为增强体经过复合工艺制成的一类复合材料。陶瓷基体可为氮化硅、碳化硅等高温结构陶瓷。这些先进陶瓷具有耐高温、强度高、刚度高、质量较小、抗腐蚀等优异性能,而其致命的弱点是具有脆性,处于应力状态时,会产生裂纹,甚至断裂导致材料失效。而采用高强度、高弹性的纤维与基体复合,是提高陶瓷韧性和可靠性的一种有效的方法。纤维能阻止裂纹的扩展,从而得到有优良韧性的纤维增强陶瓷基复合材料。

陶瓷基复合材料由于具有高强度、高硬度、高弹性模量、热化学稳定性等优异性能,是制造推重比在 10 以上的航空发动机的理想耐高温结构材料。一方面,它克服了单一陶瓷材料脆性断裂的缺点,提高了材料的断裂韧性;另一方面,它保持了陶瓷基体耐高温、低膨胀性、低密度、热稳定性好的优点。陶瓷基复合材料的最高使用温度可达 1650℃,而密度只有高温合金的 70%。因此,近几十年来,陶瓷基复合材料的研究有了较快发展。

陶瓷基复合材料具有优异的耐高温性能,主要用于高温及耐磨制品。其最高使用温度主要取决于基体特征。陶瓷基复合材料已实用化或即将实用化的领域有刀具、滑动构件、发动机制件、能源构件等。法国已将长纤维增强碳化硅复合材料应用于制造高速列车的制动件,显示出了优异的摩擦磨损特性,取得了满意的使用效果。

陶瓷基复合材料往往在高温下制备,由于增强体与基体的原子扩散,在界面上更易形成固溶体和化合物。此时其界面是具有一定厚度的反应区,它与基体和增强体都能较好地结合,但通常是脆性的。陶瓷材料本身具有脆性的弱点,因而,改善陶瓷材料的脆性已成为陶瓷材料领域亟待解决的问题之一。陶瓷基复合材料就是通过颗粒弥散增韧和纤维、晶须增韧等来改善陶瓷材料的力学性能的,特别是脆性。目前看来,陶瓷的增韧机理虽然很多,但总体而言大致可分为如下四种类型:① 相变增韧 (phase transformation toughening);② 延性相增韧 (toughening by ductile phase);③ 脆性纤维和晶须增韧 (toughening by brittle fiber and whisker);④ 微裂纹增韧 (microcrack toughening)。

4.5.2 陶瓷基复合材料的切削加工机理

陶瓷基复合材料一般都具有比强度高、比模量高、耐腐蚀、热稳定性好等一系列优良性能，因此，在航空航天、军事、汽车等领域得到了广泛的应用。但是，这类材料的加工性能都比较差。

目前，国内外对颗粒增强陶瓷基复合材料的切削加工，尤其在铣削和车削加工方面的实验研究比较多，这些研究都充分证明了陶瓷基复合材料切削加工的困难性及刀具磨损的严重性，在实验中采用普通的刀具很难达到相应的加工效果，在大多数情况下，都需要采用超硬材料刀具。随着现代科技的迅猛发展，复合材料越来越多地被应用于各行各业，其加工质量和加工效率必须得到一定的提高，因此，有必要对陶瓷基复合材料的切削机理进行研究，这对解决陶瓷基复合材料切削加工中的问题、提高切削效率是很有帮助的，将使陶瓷基复合材料得到更为广泛的应用。

4.6 碳/碳复合材料的切削加工性

4.6.1 碳/碳复合材料的性能特点

碳/碳复合材料是指以碳纤维作为增强体，以碳作为基体的一类复合材料。作为增强体的碳纤维可以采用短切纤维，也可以用连续长纤维及编织物。碳基体可以是通过化学气相沉积制备的热解碳，也可以是高分子材料热解形成的固体碳。碳/碳复合材料作为碳纤维复合材料家族的一个重要成员，具有密度低、比强度高、比模量高、热传导性高、热膨胀系数低、断裂韧性好、耐磨、耐烧蚀等特点，尤其是其强度随着温度的升高，不仅不会降低反而还可能升高，它是所有已知材料中耐高温性能最好的材料。

碳/碳复合材料的制备工艺主要有两种：化学气相沉积 (CVD) 法和液相浸渍碳化法。前者以有机低分子气体为前驱体，后者以热塑性树脂 (石油沥青、煤沥青、中间相沥青) 或热固性树脂 (呋喃、糠醛、酚醛树脂) 为基体前驱体，这些原料在高温下会发生一系列复杂化学变化而转化为基体碳。为了得到更好的致密化效果，通常将化学气相沉积法和液相浸渍碳化法进行复合致密化，得到具有理想密度的碳/碳复合材料。

尽管碳/碳复合材料有诸多优良的高温性能，但它在温度高于 400℃ 的有氧环境中会发生氧化反应，导致材料的性能急剧下降。因此，碳/碳复合材料在高温有氧环境下应用时必须有氧化防护措施。碳/碳复合材料的氧化防护主要采用以下两种途径：① 在较低的温度下可以采取基体改性和表面活性点的钝化对碳/碳复合材料进行保护；② 随着温度的升高，则必须采用涂层的方法来隔绝碳/碳复合材料与氧的直接接触，以达到氧化防护的目的。目前使用最多的是涂层方法，随着技术的不断进步，工业应用对碳/碳复合材料超高温性能的依赖越来越多，而在超高温条件下，涂层防护是可行的一种氧化防护方案。

碳/碳复合材料是新材料领域中重点研究和开发的一种新型超高温材料，它具有以下显著特点：

（1）密度小 ($<2.0\text{g/cm}^3$)，仅为镍基高温合金的 1/4、陶瓷材料的 1/2，这一点对许多要求轻型化的结构或装备至关重要。

（2）高温力学性能极佳。温度升高至 2200℃ 时，其强度不仅不降低，甚至比在室温时还高，这是其他结构材料所无法比拟的。

（3）抗烧蚀性能良好，烧蚀均匀，可以用于 3000℃ 以上高温短时间烧蚀的环境，如火箭发动机喷管、喉衬等。

（4）摩擦磨损性能优异，其摩擦系数小，性能稳定，是各种耐磨和摩擦部件的最佳候选材料。

（5）具有其他复合材料的特征，如高比强度、高比模量、高疲劳强度和蠕变性能等。

4.6.2　碳/碳复合材料的切削加工机理

碳/碳复合材料由脆性的碳纤维和韧性的碳基体组成，碳纤维具有很高的比强度，其强度是碳基体的若干倍，所以切削过程是碳基体破坏、碳纤维断裂相互交织的复杂过程。在此过程中，碳纤维类似于砂轮中的磨料，对刀具进行研磨，使刀具磨损加快，切削条件恶化；同时由于碳/碳复合材料导热性差，碳纤维断裂和基体剪切，切屑与前刀面、后刀面及已加工表面之间的摩擦所产生的大量切削热难以在加工中随切屑排除，大部分传给了刀具本身，使切削区温度迅速上升，加速刀具的磨损。因此，碳/碳复合材料加工时刀具基本难以完成切削的全过程，加工效率低下，加工精度很难达到要求。所以，选用耐热性能优良的刀具材料具有非常重要的现实意义，在此基础上选用合理的刀具结构及几何参数可以在不改变其他工艺参数情况下大大提高刀具的使用寿命，从而提高加工效率和精度。

碳/碳复合材料属于难加工材料，难切削特性主要有硬度高、层间剪切强度低和导热性差。其难加工性表现为刀具的缺损、崩刃和磨损。表 4.2 列出了这种材料的特性与加工时存在的主要问题，其中最大问题是刀具寿命短，主要原因是碳纤维磨损和切削热，因此要解决碳/碳复合材料的切削加工问题，首先应解决刀具材料问题。

表 4.2　碳/碳复合材料的特性与加工时存在的主要问题

碳/碳复合材料特性	加工时存在的主要问题
硬度高	刀具磨损快，切削阻力大
碳颗粒	刀具磨损快
层间剪切强度低	切削温度高，易产生分层
热导率低	切削温度高，基体易碳化，刀具易磨损

目前碳/碳复合材料加工缺乏系统、深入的工艺研究，刀具磨损快、加工精度低、表面质量差、加工效率低等问题仍未得到有效解决，特别是碳/碳复合材料的实际加工缺少完善的加工工艺数据。

4.6.3　碳/碳复合材料的应用

碳/碳复合材料由于其耐高温、摩擦性好，目前已广泛用于固体火箭发动机喷管、航天飞机结构部件、飞机及赛车的刹车装置、热元件和机械紧固件、热交换器、航空发动机的热端部件等。其作为优异的热结构、功能一体化工程材料，自 1958 年诞生以来，在军工方面得到了长足的发展，其中最重要的用途是用于制造导弹的弹头部件。

思 考 题

4.1 复合材料对比金属材料，在加工过程中有哪些问题？

4.2 给出复合材料特种加工方法及其特点。

4.3 复合材料为什么难加工？

4.4 复合材料加工中出现的主要加工缺陷有哪些？

4.5 简述聚合物基复合材料纤维方向对切削加工的影响。

4.6 简述聚合物基复合材料切削加工中的刀具磨损产生的原因及预防措施。

4.7 给出聚合物基复合材料、金属基复合材料、陶瓷基复合材料和碳/碳复合材料的应用特点。

第 5 章　复合材料超声振动辅助钻削加工工艺

5.1　超声振动辅助切削加工模式

超声振动辅助加工是指在传统加工工艺（钻削、车削、铣削等）的基础上结合不同的超声振动形式，如纵向振动、弯曲振动、扭振转动等，形成一种新的实现零件材料去除的制造方法，是一种复合型多能场加工工艺。根据振动施加方向的不同，超声振动可以沿着切削方向、进给方向和切深方向进行零件材料的辅助去除。不同方向的超声振动叠加可以在空间形成单一方向的一维振动、空间任意两个方向的二维平面振动和空间三个方向的三维振动，不同维数的超声振动辅助加工在空间形成如图 5.1 所示的超声振动辅助切削加工轨迹。

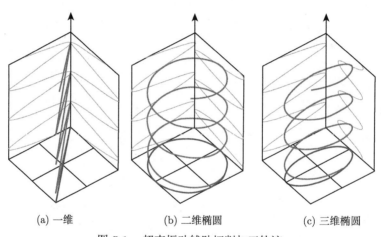

(a) 一维　　　　　　　　(b) 二维椭圆　　　　　　　(c) 三维椭圆

图 5.1　超声振动辅助切削加工轨迹

对于单一方向的超声振动辅助加工，只需给超声换能器施加激励即可产生单个方向的超声振动，即实现一维的超声振动辅助切削加工。当超声振动为二维或三维的复合振动时，每一个维度的振动都需要单独激励，通过调整不同方向上振动信号的相位差，可以调节复合振动的振型，以适应不同的加工需求。在各类超声振动辅助加工中，超声的周期振动产生的振动速度通常需要大于加工中的切削速度，在一个振动周期中，切削刀具与加工工件会断续分离，即产生了断续切削的效果。引入超声后，由于超声振动特性，加工效率、断屑情况、刀具磨损等都得到了提升与改善，通过观察切屑形貌，可以发现在超声振动辅助切削下其剪切角更大，这对于减小切削力有促进作用。

超声振动在材料去除工艺中的应用远不止钻削、车削、铣削。但超声振动在总体上都具有以下作用：降低切削力与力矩；减小工件与刀具间的摩擦，改善排屑条件；降低切削温度，延缓刀具磨损；改变切屑形貌，促进断屑。然而，到目前为止，大多数研究还只停留在实验现象上，超声振动辅助切削的工艺效果已经客观存在，而对于超声振动在加工中的作用机理还没有公认的看法。摩擦系数降低理论、剪切角增大理论、工件刚性化理论是普遍存在的振动切削机理的观点。另外，有学者提出，超声振动辅助加工的微冲击与断续切削特性，一方面使得切削处局部温度升高；另一方面对工件（主要针对金属）产生了应变率效应，使得其出现一定水平的应力下降，对于材料的去除产生一定的影响，加速了材料去除过程。

5.2 复合材料超声振动辅助钻削加工现状

5.2.1 复合材料钻削加工

近年来，以碳纤维增强树脂基复合材料为代表的复合材料，其由于比强度高、比模量高、可设计性强等优点在各个领域得到了广泛应用。在复合材料成型后的二次加工中，钻削加工是实际复合材料应用最为广泛的一种加工方式，也是最主要的一种，这是由于广泛应用的复合材料构件在装配连接中涉及大量的制孔加工需求，且装配制孔一般处于生产的最后阶段，若出现废品将损失惨重。美国的 F-16 战斗机上有接近 4 万多个装配连接制孔，美国 B-747 飞机上有约 300 万个装配连接制孔，而这些飞机的复合材料化比率已经非常之高。由于需求巨大，复合材料钻削制孔技术已经作为复合材料应用的关键技术之一受到了各国的高度重视。

在各类复合材料中，碳纤维增强树脂基复合材料是目前为止在航空航天器结构件上覆盖面最广、使用量最大的先进复合材料。该材料以碳纤维为增强体、环氧树脂为基体，其密度大约为铝合金的 60%，可以使结构件的质量降低到原先的 20%~25%[11]。碳纤维增强树脂基复合材料常以一定纤维方向角顺序构成层合板，如图 5.2 所示，其层间强度低，在加工中易产生分层。

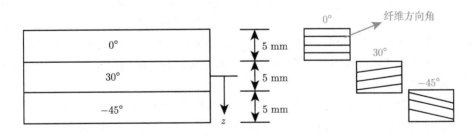

(a) 碳纤维增强树脂基复合材料层合板　　　　　　(b) 不同纤维方向角

图 5.2　碳纤维增强树脂基复合材料层合板及不同纤维方向角

不同于金属材料，碳纤维增强树脂基复合材料具有各向异性的特点，在材料行为上，呈现出多种损伤形式，并且从损伤起始到完全失效有一个渐进的过程。复合材料作为一种硬脆性材料，适合采用超声振动辅助加工以提高加工质量与效率，由于材料属性与金属不同，其在超声作用下表现出的性质也不尽相同。如加工复合材料时，纤维方向角与切削方向是影响质量的一个重要因素，这和金属材料是不同的。

在实际生产过程中，钻削制孔是复合材料使用最多的一种加工方式。尽管碳纤维增强树脂基复合材料具有优良的可设计性，但其结构件与其他零件在装配过程中存在铆接、螺栓连接等机械连接，需要制孔处理，以满足零部件的机械装配要求。目前碳纤维增强树脂基复合材料制孔大部分采用麻花钻或其改进钻头。碳纤维增强树脂基复合材料钻削过程图如图 5.3 所示，由于碳纤维增强树脂基复合材料的多相结构决定了其具有非均质性（各向异性）的特点，在制孔初期钻头横刃刚接触工件表面而主切削刃尚未完全进入工作状态时，主切削刃会对材料有一个沿轴线向上的剥离分力，这一分力会掀起表层材料导致入口剥离分离缺陷；而当钻头即将钻出工件时，由于工件材料不断变薄、铺层数不断减少，导致材料的剩余刚度不断降低，当钻头对工件的轴向推力大于层间的结合强度时，这一部分的材料会发生脱黏现象而导致出口出现分层现象[12]。此外由于碳纤维增强树脂基复合材料的高脆性和高硬度，导致其在钻削过程中无法被切断而缠绕在刀具上，最终导致孔壁纤维拉扯、散热不佳和刀具急速损耗[13]。

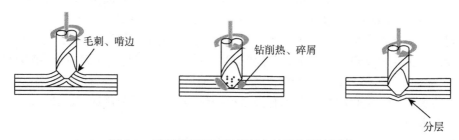

图 5.3　碳纤维增强树脂基复合材料钻削过程图

针对复合材料加工问题，相关学者从刀具和加工工艺方面进行了许多研究。由于碳纤维增强树脂基复合材料是典型的难加工材料，采用传统加工工艺对刀具材料提出了较高的要求。刘国兴[31] 的复合材料加工实验表明，PCD 刀具在加工过程中可以保持较为锋利的刃口，能够有效地降低钻削力、钻削热，抑制分层、翻边、纤维拉出等加工缺陷。由于整体硬质合金刀具有刚度适中、硬度较好、刃磨角度适应性较强的特点，在加工过程中可以对钻削力的分布进行人为控制，从而可以获得较好的加工质量，但其刃口耐磨性差，不利于碳纤维增强树脂基复合材料的钻削加工[32]。尽管涂层刀具应用广泛，然而其涂层一旦脱落，刀具将迅速磨损失效。

总之，增强刀具钻削角的尖锐程度是减少钻削热的关键。较大的正前角、后角和刀尖圆弧，可以减小钻削力和防止钻削刃与工件摩擦生热。为了防止产生层间剥离，刀具宜采用双向螺旋式结构。

除了在传统技术上改进刀具，还可以采用一些新型的加工技术，如螺旋铣孔[33]、以磨代钻[34,35] 等。但是上述加工方式均存在一些应用限制，诸如螺旋铣孔不能加工小孔、以磨代钻对刀具的选择存在限制等。此外，这些加工工艺没有从本质上改变复合材料的钻削状态，没有从根本上解决复合材料钻削难的问题。

5.2.2　复合材料超声振动辅助钻削加工

对于超声振动辅助加工技术，国内外不少学者开始从理论和实践方面对其制孔的机理、特性、应用等进行深入的研究和探索。日本是对超声振动辅助钻削加工研究较早的国家之一，其中最具代表性的是宇都宫大学的隈部淳一郎教授的专著《精密加工振动切削 (基础与应用)》，书中对超声振动辅助钻削加工做了详细的介绍和实验研究，率先提出的钻头静止化和刚性化理论指出，钻削刃与工件的周期性分离将连续的钻削力转变为了脉冲力，因而在钻削过程中钻头出现静止化效果和抵抗弯曲变形能力提高的刚性化效果 [36]。

国外学者利用旋转超声钻削技术对 CFRP 基复合材料开展了大量研究，研究结果表明该方法可以有效减小 CFRP 基复合材料的钻削力，并改善钻削质量。Sanda 等 [37] 开展了碳纤维复合材料和 Ti6Al4V 工件材料的普通钻削和旋转超声钻削的对比实验，实验结果表明：在相同的钻削参数下，采用旋转超声钻削时具有更低的钻削力、更低的钻削温度、更少的分层和更好的表面质量。Makhdum 等 [38] 先后开展了碳纤维复合材料的普通钻削加工实验和引入了旋转超声技术的对比实验，实验结果表明：引入超声振动后，钻削力和扭矩显著减小，圆度、表面粗糙度和分层现象也得到了改善，但是钻削温度高于普通钻削。研究人员建立了超声软化效应的数值模型，解释施加超声振动后带来的脆性-塑性转化，仿真结果与实测钻削力较为吻合，而扭矩方面则有偏差。Gupta 等 [39] 开展了旋转超声钻削 CFRP 基复合材料的实验研究，结果表明旋转超声钻削减少了 36% 的钻削力、35% 的横刃磨损，但是扭矩不变，这表明施加超声振动后，横刃上的受力明显减小了。Dahnel 等 [40] 采用碳化钨钻头进行了超声振动辅助钻削和常规钻削比较的实验，实验结果表明，在恒定进给量和不同主轴转速下，引入超声振动后，刀具磨损率和钻削力都明显降低了。Gupta 等 [39] 在对 CFRP 基复合材料进行的旋转超声钻孔研究中发现，旋转超声钻削在有效减小钻削轴向力的同时，显著改善了 CFRP 基复合材料的分层现象。

CFRP 基复合材料作为一种硬脆性材料，适合采用超声振动辅助加工以提高加工质量与效率，由于材料属性与金属不同，其在超声作用下表现出的性质也不尽相同。如加工复合材料时，纤维方向角与切削方向是影响质量的一个重要因素。现有的针对碳纤维复合材料的超声振动辅助钻削加工主要有一维轴向振动辅助钻削与纵扭、纵弯、双弯等形式的二维振动辅助钻削。采用一维振动辅助钻削时，刀具的振动方向通常平行于孔轴方向，在入钻期间能够很好地改善入口剥离损伤，但是在钻中期间刀具工作部分始终与孔壁表面紧密贴合，两者之间摩擦产生大量的钻削热，需要附加冷却剂来辅助散热 [41]。二维振动辅助钻削由于在刀具与工件间引入了一个微小正弦位移，两者之间存在微小间隙解决了散热问题，且相比于一维轴向振动辅助钻削，二维振动辅助钻削更能有效地抑制出口处的分层现象。

目前，国内学者在该领域也取得了较为丰硕的成果。在采用旋转超声钻削技术加工 CFRP 基复合材料方面，赵宏伟等 [42] 基于电控式微小孔振动钻床开展了多层复合材料的微小孔钻削实验研究，并首次提出了多层复合材料阶跃式三参数振动钻削方法。实验结果表明，该方法可以显著减小入钻定位误差、孔扩量与出口毛刺高度。焦锋等 [43] 对 CFRP 基复合材料的特性进行了回顾，概述了目前纤维叠层材料孔的加工缺陷和应对办法；简述了超声振动辅助加工的特点，以及超声振动辅助钻削加工对加工缺陷的抑制机理，最后总结了目前超声振动辅助钻削加工 CFRP 基复合材料取得的进展。张冬梅 [44] 对旋转超声钻削与普通钻削后的孔内表面粗糙度和微观形貌进行了研究，结果表明：轴向超声振动钻削能够提高内孔的表面质量，有效改善钻头后刀面的磨损。王卫滨 [45] 开展了碳纤维复合材料采用普通钻削与旋转超声钻削的对比实验，并建立了钻削过程与制孔质量的有限元仿真，实验结果表明：旋转超声钻削可以有效减小钻削力并改善加工质量，通过选用适中的振幅、较小的进给速度与较高的主轴转速可以有效改善孔的出口表面质量。张加波等[46] 开展了超声振动铣削表面粗糙度实验、铣削加工工艺缺陷实验及钻削工艺缺陷实验，分析了超声振动辅助加工过程中的影响因素及工艺参数。结果表明：超声振动辅助加工的零件表面粗糙度得到了有效改善，采用适中的超声频率与振幅、较小的切削深度与进给量可以显著减少加工缺陷。

目前，国内外学者针对多种碳纤维复合材料，研究了旋转超声振动高效低损伤加工技术，主要集中在装置开发、材料去除机理研究、工艺优化、刀具设计理论研究等方面，相关研究已取得很大进展，德国 DMG 公司已研发出超声振动辅助数控加工机床，并开始在航空航天、光学、医学等领域应用。但是，对碳纤维复合材料旋转超声振动辅助加工关键技术的研究仍然不足，这大大限制了旋转超声振动辅助加工技术在碳纤维复合材料高效、高质量加工中的优势发挥和推广应用。

5.3　复合材料超声振动辅助钻削加工系统

5.3.1　复合材料钻削刀具

应用广泛的聚合物基复合材料零件一般以层合板的形式存在，由于装配需要，在聚合物基复合材料的加工中，钻削加工是应用最广泛的一种加工方式。例如，在一架小型飞机上就需要加工十万多个孔，而在大型运输机上则需要加工几百万个孔。因此，钻削刀具的材料、几何结构及加工参数对加工的成本和被加工零件的性能有重要的影响。

刀具的几何结构和材料对切削力、被加工零件质量和刀具磨损具有重要影响，因此，在复合材料的加工中必须将其作为关键因素进行考虑。此外，刀具几何结构选择不当还可能因摩擦而导致过高的加工温度、刀具磨损率及切削力。选择合适的刀具几何结构和相应的加工参数能够实现无缺陷制孔。在特定的钻削加工中，钻头可以是复合刀具，它的刃口有变化的前角、刃倾角和后角。而且，孔中心的材料是在横刃的推挤作用下被推出孔外的，因为离钻削中心越近，钻削速度越小，在钻削中心点的钻削速度为零。

高速钢、K10 和 K20（ISO 等级）硬质合金是钻削纤维增强复合材料的主要刀具材料。尽管金刚石刀具（单晶和多晶）和立方氮化硼刀具具有较高的硬度和较好的耐磨性，但是在已发表的文献中却很少被提到。在钻削过程中不能使用氧化和非氧化的陶瓷刀具，因为陶瓷材料很难加工出像钻头这种具有复杂几何结构的刀具。

高速钢广泛应用于标准钻头和复合材料专用钻头，在加工过程中可产生很高的刀具磨损率，进而增大钻削推力和增加钻削加工缺陷的产生。相比于高速钢钻头能减小横刃效应、提高孔加工质量，推荐采用标准麻花钻进行预钻，硬质合金钻头在钻削复合材料层合板时产生的加工缺陷更少。除了标准钻尖的麻花钻和螺旋钻尖的钻头，特殊结构的钻头如阶梯钻、套料钻、负锋角钻（通常被称作烛台钻或者多面钻）和抛物线钻也已应用在纤维增强复合材料的钻削加工中。加工纤维增强复合材料的常见钻头形状如图 5.4 所示。

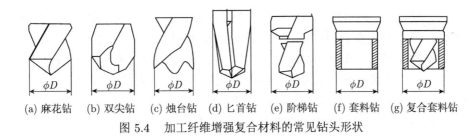

(a) 麻花钻　(b) 双尖钻　(c) 烛台钻　(d) 匕首钻　(e) 阶梯钻　(f) 套料钻　(g) 复合套料钻

图 5.4　加工纤维增强复合材料的常见钻头形状

5.3.2 复合材料超声振动辅助钻削加工系统的组成

区别于传统加工系统，超声振动辅助加工系统需要额外附加一个超声振动辅助加工装置，该超声振动辅助加工装置末端安装有各种加工工艺需要的刀具，超声振动辅助加工装置由超声振动单元、超声能量传输单元与超声波发生器组成，可以采用机床、机器人或其他形式安装超声振动辅助加工装置，形成超声振动辅助钻削加工系统。

结合超声振动的钻削加工是复合材料重要的加工形式，超声振动辅助钻削加工按不同的分类方式可分为以下几类：

（1）按振动性质的不同，可分为自激振动钻削和强迫振动钻削。自激振动钻削利用系统自身运行产生的振动进行加工，而强迫振动钻削由外部电路驱动换能器产生有规律的、可控的振动进行加工，目前采用的超声振动辅助钻削加工技术多为强迫振动钻削。

（2）按振动方向的不同，可以分为轴向振动钻削、扭转振动钻削及轴向扭转复合振动钻削，分别如图 5.5 所示。轴向振动钻削是指振动方向与钻头轴线方向一致；扭转振动钻削是指振动方向与钻头旋转方向一致；轴向扭转复合振动钻削是轴向振动与扭转振动的结合。

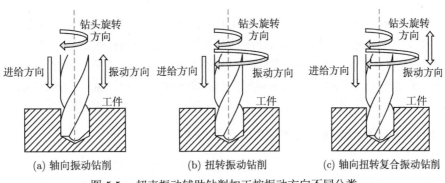

(a) 轴向振动钻削　　　　　(b) 扭转振动钻削　　　　(c) 轴向扭转复合振动钻削

图 5.5　超声振动辅助钻削加工按振动方向不同分类

（3）按振动来源的不同，可分为工件振动和刀具振动两种实现方式，在生产中多应用刀具振动方式，工件振动方式多用于不具备专用超声振动辅助钻削加工系统时开展超声振动辅助钻削加工研究。

与传统的钻孔相比，超声振动辅助钻削加工具有明显的优势，主要表现在：① 钻削力和钻削扭矩小。超声振动改变了钻头和工件之间的作用方式，由连续切削变为断续切削，轴向力降低；超声振动形成的脉冲力矩可大大降低刀具和工件、刀具和切屑间的摩擦因数，有效减小钻削扭矩。② 改善断屑和排屑性能。超声振动辅助钻削加工具有独特的断屑机理，在一定的加工参数下，可形成碎片状切屑，与传统麻花钻制孔时形成的连续切屑相比，排屑性能更好。③ 提高孔壁表面质量。在超声振动辅助钻削加工过程中，修光刃对内孔表面的往复熨压作用有利于降低表面粗糙度，此外，振动产生的良好断屑性能使加工过程中的排屑更顺畅，减轻了切屑对孔表面的刮擦，也使表面粗糙度得到降低。④ 延长钻头寿命。在超声振动辅助钻削加工中，麻花钻断续钻削，冷却条件得到改善，钻削温度降低，积屑瘤产生及刀具崩刃得到一定抑制，因此可延长钻头寿命。

为精确控制超声振动频率及输出功率等加工参数，超声振动辅助钻削加工系统一般由专门的超声波发生器驱动。图 5.6 为超声振动辅助钻削加工系统的组成，包括超声波发生器、电能传输装置和超声振动辅助加工装置。

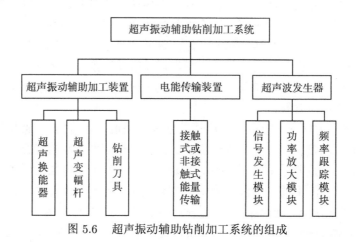

图 5.6　超声振动辅助钻削加工系统的组成

超声波发生器用于输出高频电信号并实时跟踪超声系统的谐振频率以调节输出信号频率，超声波发生器同时也是超声振动辅助钻削加工系统的电能产生部件。超声振动辅助加工装置主要包括超声换能器、超声变幅杆和钻削刀具等，其中超声换能器将高频电能转化成相应频率的机械振动，超声变幅杆将超声换能器产生的高频机械振动的振幅放大，并传递给钻削刀具，最终作用于被加工工件表面，实现超声振动辅助钻削加工。

5.3.3　复合材料超声振动辅助钻削加工的应用方式

将超声振动辅助钻削加工装置安装在机床主轴构建出超声振动辅助钻削加工系统，如图 5.7 所示。基于机床构建的超声振动辅助钻削加工系统可以满足不同条件下的钻削要求，利用机床的精度较易保证钻削加工质量。

在实际生产中需加工数以万计的孔，孔的加工质量和效率对实际生产有重要影响。传统制孔技术制孔效率低、制孔质量差，逐渐无法满足现代各个领域对于复合材料的应用需求。国外对先进的自动化制孔技术进行了大量研究，如自动钻铆技术、柔性轨道制孔技术、机器人自动制孔技术等，大大提高了制孔效率和质量。机器人制孔系统的特点在于其机械手臂结构，可以自主移动，灵活性强且适应性广，可以满足不同条件下的钻削要求，极大地提高了制孔效率，因此得到了广泛应用。

2001 年，美国 Electroimpact 公司设计了一套机器人自动制孔系统 (One-sided Cell

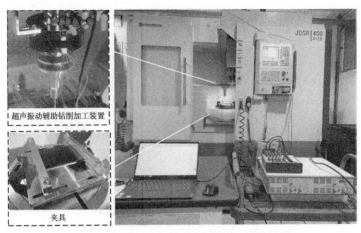

图 5.7 超声振动辅助钻削加工系统

End Effector)，该系统主要用于波音飞机的机翼后缘襟翼的制孔和检测，在复合材料与铝、钛合金等叠层上制孔时，制孔直径范围可达 3.73~9.525mm，沉孔深度精度可达 0.0635mm。

通过在机器人末端安装超声振动辅助加工装置，构建基于机器人的超声振动辅助钻削加工系统，如图 5.8 所示。机器人自动制孔系统可以自主移动，灵活性强，可以满足不同条件下的钻削要求，极大地提高了制孔效率。

图 5.8 基于机器人的超声振动辅助钻削加工系统

5.4 超声振动辅助钻削加工过程分析与建模

5.4.1 超声纵向振动辅助钻削加工过程分析与建模

超声纵向振动辅助钻削加工时，钻削刀具沿着其轴线进行一维振动，为了分析超声纵向振动辅助钻削加工过程，建立钻削刀具的运动过程如图 5.9 所示，此时，钻削刀具钻削刃上某点的运动轨迹为

$$x(t) = v_f t + A \sin(2\pi f t) \tag{5.1}$$

$$y(t) = r\cos(2\pi nt) \tag{5.2}$$

$$z(t) = r\sin(2\pi nt) \tag{5.3}$$

式中，f 为超声纵向振动频率，Hz；r 为钻头钻削刃上选定点的半径，mm；v_f 为进给速度，mm/s；A 为超声纵向振动的振幅，mm；n 为钻头转速，r/s。

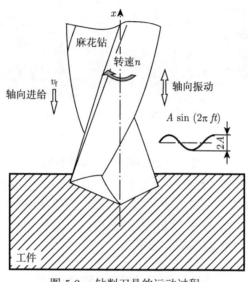

图 5.9　钻削刀具的运动过程

　　超声纵向振动辅助钻削与传统钻削的钻头钻削刃上某点的运动轨迹比较，如图 5.10 所示。其中，图 5.10（a）为超声纵向振动辅助钻削时刀刃上某点的运动轨迹，它在螺旋线上叠加高频谐波振动，其钻削速度的方向和大小会随高频谐波振动快速变化，超声纵向振动改变了瞬时进给速度，使瞬时钻削速度和有效刀具几何角度随之变化，对钻削轴向力会有显著影响。图 5.10（b）为传统钻削时刀刃上某点的运动轨迹，它是一条螺旋线，由钻削原理可知，钻削进给速度比切向速度小很多，其对瞬时钻削速度和有效刀具几何角度的影响较小，此时每转进给量是轴向力和扭矩的主要影响因素。切削点轨迹的分析是研究超声纵向振动辅助钻削动态冲击效应的重要依据之一。

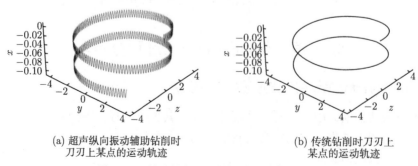

(a) 超声纵向振动辅助钻削时　　　　　　(b) 传统钻削时刀刃上
　　刀刃上某点的运动轨迹　　　　　　　　　某点的运动轨迹

图 5.10　钻头钻削刃上某点的运动轨迹比较

5.4.2 超声纵扭振动辅助钻削加工过程分析与建模

超声纵扭振动辅助钻削加工是指同时沿刀具的切向和刀具的进给方向施加周期性的高频简谐振动，使得刀具在绕主轴进行高速旋转的同时，存在着扭转振动运动（振幅为 A_{tor}）和纵向振动运动（振幅为 A_{lon}），运动过程如图 5.11（a）所示。

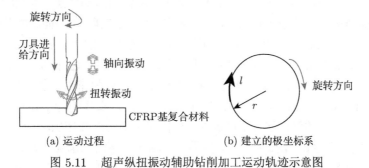

图 5.11　超声纵扭振动辅助钻削加工运动轨迹示意图

以钻头的中心为坐标原点建立坐标系，过坐标原点且垂直于钻头轴线的平面为极坐标平面，建立的极坐标系如图 5.11（b）所示，其中 z 轴正方向沿钻头轴线向上。由超声波发生器激励产生的超声振动作用于刀具上，则钻头在轴向和切向的超声振动作用下的简谐运动轨迹可以表示为

$$\begin{cases} l = A_{\text{tor}} \sin(2\pi ft + \varphi_1) + vt \\ r = D \\ z = -A_{\text{lon}} \sin(2\pi ft + \varphi_2) + Sv_{\text{f}}t \end{cases} \tag{5.4}$$

式中，A_{tor}、A_{lon} 分别表示扭转振动和纵向振动的振幅，mm；φ_1、φ_2 分别表示扭转振动和纵向振动的初始相位，(°)；f 表示振动频率，Hz；D 表示刀具直径，mm；v 表示切削速度；v_{f} 表示刀具进给速度，mm/s。其中 v 可以表示为

$$v = \frac{\pi SD}{60} \tag{5.5}$$

式中，S 是主轴转速，r/min。

设纵向振动振幅 $A_{\text{lon}} = 18\mu m$，扭转振动振幅 $A_{\text{tor}} = 18\mu m$，扭转振动和纵向振动合成的纵扭振动示意图如图 5.12 所示，其中 z 轴方向沿钻头轴线方向、l 轴方向为刀具沿径向展开后的切向。

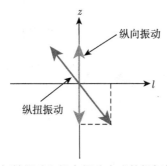

图 5.12　扭转振动和纵向振动合成的纵扭振动示意图

　　为了分析超声纵扭振动辅助钻削加工运动，取钻头半径 $R = 3\text{mm}$、主轴转速 $S = 3000\text{r/min}$、振动频率 $f = 19.4\text{kHz}$、纵向振动的振幅 $A_{\text{lon}} = 18\text{μm}$、扭转振动振幅 $A_{\text{tor}} = 18\text{μm}$，依据超声纵扭振动辅助钻削加工轨迹方程式（5.4），使用 MATLAB 软件编程输出钻头表面任意一点的运动轨迹。图 5.13(a) 为纵扭振动和传统钻削运动轨迹三维图，图 5.13(b) 为运动轨迹二维图，图 5.13 (c) 为纵扭振动间歇钻削运动轨迹。从图 5.13(a) 可以看出，纵扭振动辅助钻削加工中的钻头运动轨迹不同于传统钻削中标准弧的周期性变化曲线。图 5.13(b) 显示了钻头表面一点在 xy 平面上的运动路径，因为扭转振动方向为钻头旋转的切向方向，且振幅比较小，因此扭转振动和传统振动中的孔边缘都是由钻头表面一点的弧形轨迹形成的。图 5.13(c) 显示了纵扭振动中切削刃的切削作用，在一个振动周期内，切削刃在切削期间与工件接触，在非切削期间与工件分离，重叠的运动路径在接触时间内在 xoy 平面内形成了理想的钻削区域。这表明，与传统钻削的连续切削不同，超声纵扭振动辅助钻削加工可以实现间歇切削。图 5.14 为不同主轴转速下的钻削加工轨迹对比，从图 5.14 可以看出，由于扭转振动的存在，钻头在一个振动周期内附加了一个向前伸出和向后退的运动形式，特别是在转速很低的情况下，纵扭振动和纵向振动的运动轨迹差距很大。随着转速的提高，会导致纵扭振动和纵向振动的运动轨迹趋向一致。

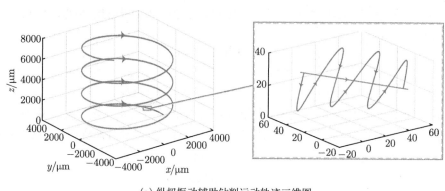

(a) 纵扭振动辅助钻削运动轨迹三维图

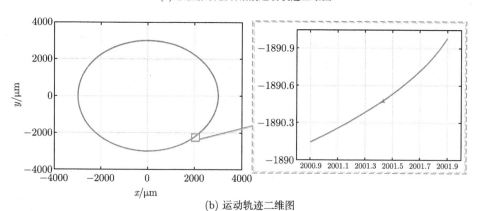

(b) 运动轨迹二维图

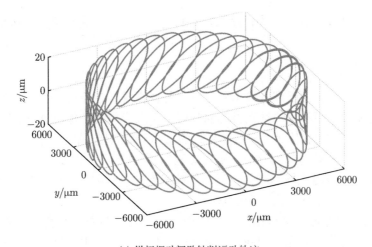

(c) 纵扭振动间歇钻削运动轨迹

图 5.13　超声纵扭振动辅助钻削加工运动分析

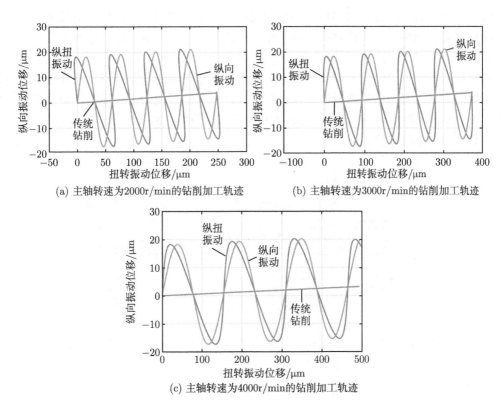

图 5.14　不同主轴转速下的钻削加工轨迹对比

5.5　复合材料超声振动辅助钻削加工表面质量分析

对于金属材料制孔加工，缺陷主要有孔的尺寸误差、圆度误差、位置误差和垂直度误差。对于复合材料制孔钻削加工，还有其特有缺陷：钻削分层、入口撕裂与毛刺、孔周表面纤维拔出等。下面以碳纤维增强树脂基复合材料为例说明复合材料超声振动辅助钻削加工表面质量情况。

5.5.1   分层机理分析

在钻削制孔过程中，由于碳纤维增强树脂基复合材料具有各向异性，通常会发生分层、毛刺和孔烧伤等缺陷，而不良的钻孔引起的分层不仅直接降低了孔表面光洁度和装配公差，还会影响抗疲劳的孔强度，从而缩短装配零件的使用寿命。有文献 [47] 表明，复合材料在最终的装配过程中由于钻孔引起的分层缺陷而导致的不良率高达 60%。因此，分层（delamination）是衡量碳纤维增强树脂基复合材料制孔质量的关键因素，分层缺陷会极大地影响装配质量，是钻孔过程中应极力避免的缺陷。

碳纤维增强树脂基复合材料钻削制孔时引起的分层通常发生在孔入口处和孔出口处，在钻入阶段，由于纤维未被完全切断，在轴向力矩作用下会产生剥离（peel-up）分层；在钻出阶段，由于层合板刚度降低，在轴向力作用下使其发生推出（push-out）分层。在钻孔过程中，当钻头横刃刚接触碳纤维增强树脂基复合材料表面而主切削刃尚未完全进入工作状态时，主切削刃对碳纤维增强树脂基复合材料有一个垂直材料表面向上的剥离分力，由于碳纤维增强树脂基复合材料层间作用力小，剥离分力会掀起碳纤维增强树脂基复合材料表层材料导致入口分层，如图 5.15 (a) 所示；当钻头横刃刚钻出碳纤维增强树脂基复合材料的那一刻而主切削刃还在工作状态时，由于碳纤维增强树脂基复合材料未切削厚度逐渐减小，刚度降低，当钻头对碳纤维增强树脂基复合材料的轴向力大于层间结合强度时，会导致出口分层，如图 5.15 (b) 所示。根据形成机理，一般将孔的入口分层称为剥离分层，孔的出口分层称为推出分层。

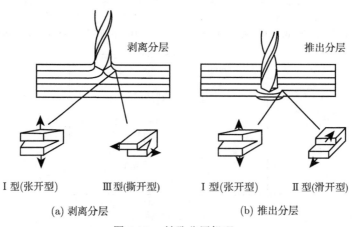

图 5.15   钻孔分层机理

分层是裂纹的一种具体表现形式，裂纹主要有三种基本形式：张开型、撕开型和滑开型，如图 5.15 所示。当材料上下表面受到方向相反且在同一条直线上的作用力时，会使得上下表面张开，产生法向位移，即张开型裂纹；当材料上下表面受到方向相反的切向作用力时，会使得上下表面滑开，产生面内剪切应力，即滑开型裂纹；当材料上下表面受到 "z" 字形作用力时，会使得上下表面产生面外剪切应力，一个裂纹面在另一个裂纹面上滑动脱开，裂纹前缘平行于滑动方向，即撕开型裂纹。

为了最小化或者消除钻削复合材料时的分层，人们提出了各种各样的方法，如钻削过程采用支撑垫板和采用可变进给系统。前者是最小化分层的最简单方式。虽然加工时间没有改变，但效率却下降了，因为在加工前、后需要分别安装和移除支撑垫板。如果选择保持生产效率不变，那么可以同时加工两个或以上的层合板，只要零件的几何结构允许。在这种情况下，外层的压板就会起到支撑的作用。

此外，在钻削碳纤维增强树脂基复合材料过程中，剥离分层主要与钻头螺旋角和钻孔扭矩有关，当钻头的切削刃与碳纤维增强树脂基复合材料接触时，会通过钻头的螺旋角产生剥离力，剥离力将碳纤维增强树脂基复合材料上表层材料顶开，并产生撕开型裂纹导致分层，如图 5.15 (a) 所示，与此同时，由于已加工材料的厚度比较小，会产生张开型裂纹。超声纵扭振动的引入使得轴向分力和切向分力转化为脉冲力，钻削刃与工件之间周期性地接触与分离，大大降低了剥离力，减少了分层现象。推出分层主要与轴向力、复合材料属性和加工条件有关，在钻头钻出复合材料板的过程中，由于未切削层厚度减小，在钻头向下的作用力下，更容易使未切削层弯曲变形，产生张开型裂纹和滑开型裂纹，如图 5.15 (b) 所示。超声纵扭振动的引入使得钻头在一个振动周期内附加了一个向前伸和向后退的运动形式，钻削刃的动态进给角数值变化范围增大，因此超声纵扭振动在振动周期内的最大速度更大，在较低的钻削速度下可以达到高速钻削的加工效果，大大降低了推出力，减少了出口分层现象。

5.5.2　分层描述与评价

分层发生在层与层之间，不容易直接观察与检测，特别是分层发生在材料内部时，不容易确定位置。目前有各种测量分层的方式：无损探测、光学显微镜检测、渗透检测、超声 C 扫描探伤检测、X 射线检测、涡电流检测、工业 CT、红外热波检测等，图 5.16 为一些常用的分层检测方式。无损探测有一定穿透深度，分辨率和精度高，达微米级，控制精度高，一般用于亚微米级别的微小分层检测。

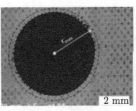

(a) 超声C扫描探伤检测　　(b) 光学显微镜检测　　(c) X射线检测　　(d) 涡电流检测

图 5.16　一些常用的分层检测方式

各种量纲和无量纲的参数被用来定量描述和评价复合材料中产生的损伤，其中量纲参数有损伤面积与钻头直径下面积的差值、最大损伤半径（或直径）与钻头半径（直径）的差值及损伤半径。分层因子就是用来描述钻头入口和出口处的损伤水平的参数，它是分层区的最大直径与钻头直径的比值，图 5.17 为分层因子的定义。类似地，损伤面积与钻头直径下面积（或钻头直径与最大分层直径）的比值也是一种用来评价分层的参数。

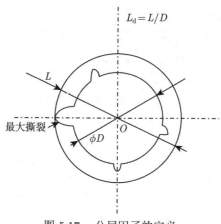

图 5.17　分层因子的定义

5.5.3　分层临界轴向力建模

碳纤维增强树脂基复合材料的分层机理表明，推出分层比剥离分层缺陷更为显著。相关报道[48] 指出，钻孔过程中引起的分层大小与轴向力有关，并且存在一个临界轴向力，当轴向力小于临界轴向力时，分层现象得到改善。本节基于推出分层对临界轴向力进行建模。

推出分层主要与沿切削刃的载荷分布和碳纤维增强树脂基复合材料自身的机械特性有关，临界轴向力模型的精准性主要取决于分层的裂纹模式、切削力的简化及待钻复合材料板的假设。

基于线性弹性断裂力学和经典弯曲理论对临界轴向力进行建模。载荷分布假设如图 5.18 所示，假设作用在未切削层的轴向力 P 分解为集中载荷和均匀分布载荷，其中集中载荷为钻尖处的点载荷，如图 5.18 (b) 所示，均匀分布载荷均匀分布在两钻削刃上，如图 5.18 (c) 所示；且材料为各向异性，分层模式为撕开型裂纹，当未钻削材料厚度较小时，分层区域的形状可以认为是圆形薄板，发生的变形为小挠度弯曲。因此最终的临界轴向力为集中载荷和均匀分布载荷共同作用的结果[49]。

根据弹性断裂力学中的薄板弯曲理论，复合材料板受到轴向力的作用发生小挠度弯曲，其弹性曲面微分方程为式 (5.6)：

$$D_{11}\frac{\partial^4 \omega}{\partial x^4} + 2(D_{12}+D_{66})\frac{\partial^4 \omega}{\partial x^2 \partial y^2} + D_{22}\frac{\partial^4 \omega}{\partial y^4} = Q \tag{5.6}$$

式中，ω 为薄板弯曲挠度；Q 为薄板承载的载荷；D_{ij} 为内力矩与曲率及扭曲率有关的刚度系数。

在图 5.18(b) 中，施加集中载荷 F 时，根据式 (5.6) 和薄板弯曲边界条件求得此时未钻削层合板的横截面弯曲挠度 ω_1 为

$$\omega_1 = \frac{F\left[a^2 - r^2 + 2r^2\ln\left(\dfrac{r}{a}\right)\right]}{16\pi D} \tag{5.7}$$

式中，$D = \dfrac{1}{3}(3D_{11} + 2D_{12} + 3D_{22} + 4D_{66})$，$D_{11}$、$D_{12}$、$D_{22}$ 为弯矩与曲率之间的刚度系

数，D_{66} 为扭转与扭曲率之间的刚度系数；a 为圆形分层区域半径；r 为圆形分层区任意一点到圆心的距离。

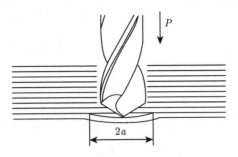

(a) 碳纤维增强树脂基复合材料钻削过程

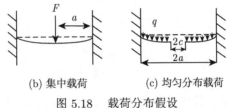

(b) 集中载荷   (c) 均匀分布载荷

图 5.18   载荷分布假设

在图 5.18(c) 中，当施加均匀分布载荷 q 时，未钻削层合板的横截面弯曲挠度 ω_2 为

$$\omega_2 = \frac{q(a^2 - r^2)^2}{64D} \tag{5.8}$$

由虚功原理、线弹性断裂力学和能量守恒定理，得到能量平衡方程，可用式 (5.9) 表示：

$$\delta W = \delta U + \delta U_\gamma \tag{5.9}$$

式中，δW 是钻削轴向力所做的虚功；δU 是材料弹性虚应变能增量；δU_γ 是分层时裂纹扩展的虚释放能。

圆形薄板弯曲的弹性虚应变能可以表示为

$$U = \frac{1}{2} \int_S \left[D_{11} \left(\frac{\partial^2 \omega}{\partial x^2} \right)^2 + 2D_{12} \frac{\partial^2 \omega}{\partial x^2} \frac{\partial^2 \omega}{\partial y^2} + D_{22} \left(\frac{\partial^2 \omega}{\partial y^2} \right)^2 + 4D_{66} \left(\frac{\partial^2 \omega}{\partial xy} \right)^2 \right] \mathrm{d}s \tag{5.10}$$

集中载荷的虚功可以表示为

$$\delta W_1 = \frac{\partial F \omega(r = 0)}{\partial a} \delta a = \frac{F^2 a}{8\pi D} \delta a \tag{5.11}$$

均匀分布载荷的虚功可以表示为

$$\delta W_2 = \delta \int_0^{2\pi} \int_0^a q \cdot \omega(r) \cdot r \mathrm{d}r \mathrm{d}\theta = \frac{\pi q^2 a^5}{32D} \delta a \tag{5.12}$$

集中载荷和均匀分布载荷的总虚功为

$$\delta W = \delta W_1 + \delta W_2 = \left(\frac{F^2 a}{8\pi D} + \frac{\pi q^2 a^5}{32D} \right) \delta a \tag{5.13}$$

将式 (5.7) 和式 (5.8) 代入式 (5.11)，可以得到集中载荷的应变能 U_1 为

$$U_1 = \frac{F^2 a^2}{32\pi D} \tag{5.14}$$

则施加集中载荷时材料弹性虚应变能增量 δU_1 可由式 (5.15) 表示：

$$\delta U_1 = \frac{F^2 a}{16\pi D} \delta a \tag{5.15}$$

将式 (5.7) 和式 (5.8) 代入式 (5.12)，可以得到均匀分布载荷的应变能 U_2 为

$$U_2 = \frac{\pi q^2 a^6}{384D} \tag{5.16}$$

则施加均匀分布载荷时材料弹性虚应变能增量 δU_2 可由式 (5.17) 表示：

$$\delta U_2 = \frac{\pi q^2 a^5}{64D} \delta a \tag{5.17}$$

总应变能增量 δU 为

$$\delta U = \delta U_1 + \delta U_2 = \left(\frac{F^2 a}{16\pi D} + \frac{\pi q^2 a^5}{64D} \right) \delta a \tag{5.18}$$

分层时裂纹扩展的虚释放能公式为

$$U_\gamma = G_{IC} \cdot S = G_{IC} \pi a^2 \tag{5.19}$$

式中，G_{IC} 为单位面积裂纹扩展能量释放率；S 为裂纹扩展面积。

则裂纹扩展的虚释放能的微分为

$$\delta U_\gamma = 2 G_{IC} \pi a \delta a \tag{5.20}$$

设集中载荷 F 和轴向力 P 之间的关系由式 (5.21) 表示：

$$F = \xi_1 \cdot P \tag{5.21}$$

式中，ξ_1 为比例系数，主要取决于钻头参数和钻削工艺参数，一般取 0.5~0.7。当 $\xi_1 = 0$ 时，载荷简化为沿钻削刃上的均匀分布载荷；当 $\xi_1 = 1$ 时，载荷简化为沿麻花钻轴心的集中载荷。

轴向力是集中载荷和均匀分布载荷的和，由式 (5.22) 表示：

$$P = F + \pi q a^2 \tag{5.22}$$

因此临界轴向力由式 (5.23) 表示：

$$P = 2\sqrt{3}\pi\sqrt{\frac{D \cdot G_{\mathrm{IC}}}{4\xi_1^2 + (1-\xi_1)^2}} \tag{5.23}$$

式中，$D = \dfrac{1}{3}(3D_{11} + 2D_{12} + 3D_{22} + 4D_{66})$。

根据临界轴向力公式 (5.23)，现对复合材料板刚度系数的计算进行说明。

复合材料板刚度矩阵的计算是先将柔度矩阵 $\boldsymbol{S}$ 转换为刚度矩阵 $\boldsymbol{Q}$，再转换为刚度矩阵的转换矩阵 $\overline{\boldsymbol{Q}}$，进而算出复合板的刚度系数。对于正交各向异性材料来说，相对于平面内方向，单层厚度尺寸很小，所以 $\sigma_3 = 0$，$\tau_{23} = \sigma_4 = \tau_{31} = \sigma_5 = 0$，则测得的工程弹性常数与柔度系数关系如式 (5.24) 所示：

$$\boldsymbol{S} = \begin{bmatrix} S_{11} & S_{12} & 0 \\ S_{21} & S_{22} & 0 \\ 0 & 0 & S_{66} \end{bmatrix} = \begin{bmatrix} \dfrac{1}{E_1} & -\dfrac{\nu_{12}}{E_2} & 0 \\ -\dfrac{\nu_{21}}{E_1} & \dfrac{1}{E_2} & 0 \\ 0 & 0 & \dfrac{1}{G_{12}} \end{bmatrix} \tag{5.24}$$

式中，E_1、E_2 分别是 1、2 方向上的弹性模量；G_{12} 为 1—2 平面内的剪切弹性模量；ν_{ij} 为 i 方向与 j 方向的泊松比。

式 (5.24) 可以通过工程弹性常数求出柔度矩阵，刚度矩阵 $\boldsymbol{Q}$ 通过柔度矩阵 $\boldsymbol{S}$ 求逆得出。

$$Q_{11} = \frac{S_{22}}{S_{11}S_{22} + S_{12}^2}, \quad Q_{22} = \frac{S_{11}}{S_{11}S_{22} + S_{12}^2}, \quad Q_{12} = \frac{-S_{12}}{S_{11}S_{22} - S_{12}^2}, \quad Q_{66} = \frac{1}{S_{66}}$$

正交各向异性材料单层板的材料主方向与坐标轴不重合，两种坐标系之间的关系如图 5.19 所示。

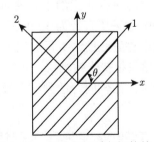

图 5.19　两种坐标系之间的关系

其转换矩阵可由式 (5.25) 表示：

$$\overline{\boldsymbol{Q}} = \begin{bmatrix} \overline{Q_{11}} & \overline{Q_{12}} & \overline{Q_{16}} \\ \overline{Q_{12}} & \overline{Q_{22}} & \overline{Q_{26}} \\ \overline{Q_{16}} & \overline{Q_{26}} & \overline{Q_{66}} \end{bmatrix} \tag{5.25}$$

式中，$\overline{Q}$ 为代表主方向的二维刚度矩阵 Q 的转换矩阵。

转换矩阵 $\overline{Q}$ 中的各个分量可由式 (5.26) 表示：

$$\begin{cases} \overline{Q_{11}} = Q_{11}\cos^4\theta + 2(Q_{12}+2Q_{66})\sin^2\theta\cos^2\theta + Q_{22}\sin^4\theta \\ \overline{Q_{12}} = (Q_{11}+Q_{22}-4Q_{66})\sin^2\theta\cos^2\theta + Q_{12}(\sin^4\theta+\cos^4\theta) \\ \overline{Q_{22}} = Q_{11}\sin^4\theta + 2(Q_{12}+2Q_{66})\sin^2\theta\cos^2\theta + Q_{22}\cos^4\theta \\ \overline{Q_{16}} = (Q_{11}-Q_{12}-2Q_{66})\sin\theta\cos^3\theta + (Q_{12}-Q_{22}+2Q_{66})\sin^3\theta\cos\theta \\ \overline{Q_{26}} = (Q_{11}-Q_{12}-2Q_{66})\sin^3\theta\cos\theta + (Q_{12}-Q_{22}+2Q_{66})\sin\theta\cos^3\theta \\ \overline{Q_{66}} = (Q_{11}+Q_{22}-2Q_{12}-2Q_{66})\sin^2\theta\cos^2\theta + Q_{66}(\sin^4\theta+\cos^4\theta) \end{cases} \tag{5.26}$$

层合板可看成由单层板组成，每一个单层板可看成层合板的一层，与材料主方向成任意角度 θ 的应力-应变关系由式 (5.27) 表示：

$$\begin{bmatrix} \sigma_x \\ \sigma_y \\ \tau_{xy} \end{bmatrix} = \begin{bmatrix} \overline{Q_{11}} & \overline{Q_{12}} & \overline{Q_{16}} \\ \overline{Q_{12}} & \overline{Q_{22}} & \overline{Q_{26}} \\ \overline{Q_{16}} & \overline{Q_{26}} & \overline{Q_{66}} \end{bmatrix} \begin{bmatrix} \varepsilon_x \\ \varepsilon_y \\ \gamma_{xy} \end{bmatrix} \tag{5.27}$$

则层合板第 k 层刚度系数可由式 (5.28) 表示：

$$D_{ij} = \frac{1}{3}\sum_{k=1}^{n}(\overline{Q_{ij}})_k(Z_k^3 - Z_{k-1}^3) \tag{5.28}$$

5.5.4　分层临界轴向力模型实验验证

为了验证建立的分层临界轴向力模型的正确性，采用文献 [49] 中的临界轴向力实验数据进行验证。文献 [49] 中实验测试临界轴向力所用的材料是由 T800 碳纤维和 923C 环氧树脂制成的碳纤维复合材料。T800/923C 碳纤维复合材料板属性如表 5.1 所示，每层厚度为 0.182mm，总共铺了 100 层，其中最后 4 层即第 97~100 层的铺层顺序：45°/ 45°/ 0°/45°。根据验证实验要求，设计了 4 组验证实验，选取文献中实验测得的最后 4 层的临界轴向力作为验证数据，实验测得的最后 4 组的临界轴向力分别为 2200N、1470N、820N 和 390N，如表 5.2 所示。文献 [49] 中采用直径为 13.9mm 的 Sandvik CoroDrill R846 麻花钻，为了获得临界轴向力，实验中首先通过钻头预加工出不同深度的盲孔，分别留出 1~4 层的未钻削材料，再以一定的进给量推挤未钻削层，并记录轴向载荷 F_a，在推挤的过程中复合材料板受到的轴向力逐渐变大，当轴向力达到一个极值时，此时该值就为该深度下引起分层的临界轴向力。

表 5.1　T800/923C 碳纤维复合材料板属性

材料名称	属性	数值
	纵向弹性模量/GPa	150.31
	横向弹性模量/GPa	7.58
	泊松比	0.35
T800/923C	剪切模量/GPa	3.93
	临界能量释放率/(J/m²)	0° 为 500 45° 为 600
	每层厚度/mm	0.182

表 5.2　最后 4 层的临界轴向力

层数	第 97 层	第 98 层	第 99 层	第 100 层
临界轴向力	2200N	1470N	820N	390N

　　根据建立的临界轴向力模型，考虑 T800/923C 碳纤维复合材料板的属性和钻削刀具直径，对比例系数 ξ_1 取 3 组不同的值，即 $\xi_1 = 0$、$\xi_1 = 1$ 和 $\xi_1 = 0.5$，分别计算临界轴向力。理论计算的临界轴向力和实验临界轴向力的对比如表 5.3 和图 5.20 所示。

表 5.3　理论计算和实验的临界轴向力的对比

层数	ξ_1	理论计算临界轴向力/N	实验临界轴向力/N	误差
第 97 层	0	2842	2200	29.2%
	1	1421.9		35.4%
	0.5	2133		3%
第 98 层	0	1846	1470	25.6%
	1	923.6		37.2%
	0.5	1385		5.8%
第 99 层	0	1004.9	820	22.5%
	1	502.7		38.7%
	0.5	754		8%
第 100 层	0	355.3	390	8.9%
	1	177.7		54.4%
	0.5	266.58		31.6%

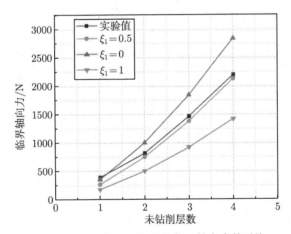

图 5.20　理论计算和实验的临界轴向力的对比

　　从图 5.20 可以看出，当 $\xi_1 = 0$ 时，临界轴向力值相对于实验值普遍偏大，随着未钻削层数的增加，临界轴向力值相对实验值误差越来越大，当未钻削层数为 4 层时，误差最大，为 29.2%，偏大是因为忽略了麻花钻横刃对复合材料板的影响。

　　当 $\xi_1 = 1$ 时，临界轴向力值普遍偏小，平均误差在 35% 以上，当未钻削层数为 1 层时，误差最大，为 54.4%，偏小是由于忽略了麻花钻钻削刃对复合材料板的影响。

　　当 $\xi_1 = 0.5$ 时，理论值相对实验值要偏小一些，可能是由于理论模型中没有考虑实际过程中孔变形的情况。由于 $\xi_1 = 0.5$ 时，随着钻削层数增加，理论值越来越接近于实验值，误差在 8% 以内，可以认为该临界轴向力模型是正确的。

由上述的临界轴向力模型和实验可以得出：

（1）分层临界轴向力主要与复合材料板的属性、刀具直径及未钻削层的厚度有关。当钻头直径 D 增大时，临界轴向力增大；当刚度增大时，临界轴向力增大，刚度主要与复合材料板的属性和未钻削层厚度有关，不同复合材料板的刚度不一样；而未钻削层厚度越大，刚度越大，进而临界轴向力也越大。

（2）采用 Girot 等 [49] 的临界轴向力实验数据对建立的临界轴向力模型进行验证，实验表明，当 $\xi_1 = 0.5$ 时，可以认为该模型可以预测碳纤维复合材料出口分层。

5.5.5　钻削分层缺陷抑制方法

由于分层临界轴向力主要与复合材料板的属性、刀具直径及未钻削层的厚度有关，因此当轴向力小于临界轴向力时，会改善碳纤维复合材料板的分层现象。本节在实验的基础上，从刀具优化设计、复合材料优化和钻孔条件优化这三个方面提出钻削分层缺陷抑制方法 [41]，如图 5.21 所示。

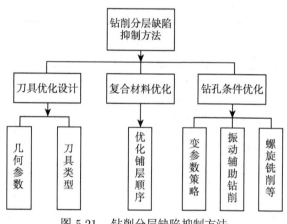

图 5.21　钻削分层缺陷抑制方法

在刀具优化设计方面，主要优化刀具的几何参数和刀具类型。临界轴向力在 $\xi_1 = 0$ 和 $\xi_1 = 1$ 之间波动，可以通过改善刀具的几何参数控制孔出口的分层。对于常规的麻花钻来说，可以减小尖角，使得未钻削层的挤出效应区域缩小，轴向力降低；减小横刃的长度，也可以改善分层现象。另外，改变刀具类型，如采用阶梯钻，钻孔过程可以分为预钻孔和扩孔两部分，大大减小了轴向力，改善了分层现象。

在复合材料优化方面，在临界轴向力理论模型的建立中，未钻削层的刚度对模型的理论值影响很大，可以优化铺层顺序来提高未钻削层层合板的刚度，进而有效地避免分层。

在钻孔条件优化方面，由于需要考虑钻削性能、刀具成本及特殊刀具的几何形状，使得分层缺陷抑制在刀具方面受到一定的限制；在复合材料优化方面，通过优化铺层顺序改善分层现象限制了其应用，因此，通过优化钻孔条件改善分层缺陷的应用持续增多。对于传统钻削来说，输入参数主要包括主轴转速和进给速度，因为进给速度对轴向力影响更大，所以可以采用变参数策略实现无分层钻孔。进给速度的改变分为两个阶段：前一阶段的进给速度取决于临界轴向力；后一阶段的进给速度取决于孔出口损伤的大小。钻孔参数的选择应与分层的抑制和复合板钻孔的效率结合，在实际钻孔过程中，需要精确确定参数改变的时间点，然而由于工件复杂的几何特性，需要控制器同时监测力、声发射、振动信号和钻头位置。对于螺旋铣削，虽然其工艺稳定性高，但是只适合加工浅孔和大孔。

以上方法虽然都能抑制分层，但应用有限，而超声振动辅助钻削加工技术由于钻削刃与工件之间周期性地接触与分离，显著减小了平均轴向力和降低了钻削热，继而抑制了复合材料板的分层现象。目前该技术应用比较广泛的是一维超声纵向振动辅助钻削加工和二维超声纵扭振动辅助钻削加工。作为高性能机械钻孔方法，超声振动辅助钻削工艺稳定性较好，工程应用不受限制，综合考虑加工效率、钻孔质量及其应用，超声振动辅助加工技术相对于其他分层抑制方法更适合碳纤维复合材料的制孔钻削。

采用超声纵扭振动辅助钻削加工技术抑制分层的方法主要分为两步：① 用临界轴向力模型对预钻材料板进行临界轴向力计算，当钻孔过程中的轴向力大于临界轴向力时，引入超声纵扭振动辅助钻削；② 选择合适的振幅，即应大于该材料的纤维直径，从而实现超声纵扭振动辅助钻削对分层缺陷的抑制。钻削加工过程主要产生两个作用力：轴向力和扭矩。其中轴向力产生垂直应力，而扭矩产生面外剪切应力。当轴向力超过一定范围时，分层缺陷就会发生。一般通过选择合适的制孔工艺控制策略，使每一层的轴向力均不超过临界轴向力从而实现无缺陷制孔。

5.6 复合材料超声纵扭振动辅助钻削加工实例

5.6.1 超声纵扭振动辅助钻削加工装置设计

实现纵扭振动的形式主要有两种：一种基于模态耦合原理，激励源是具有轴向极化和切向极化的压电陶瓷片；纵振压电陶瓷电场方向和极化方向相同，采用整片圆环结构；扭振压电陶瓷电场方向和极化方向垂直，采用若干扇形形式，扇形段越多，切向极化越均匀，但黏结过程困难且强度降低；目前切向极化压电陶瓷片的制作工艺不太成熟、成本高、成品率低，同时需要设计合适的装置结构使纵振频率和扭振频率相同，从而使其纵振和扭振叠加形成纵扭振动。另一种基于模态退化原理，在变幅杆上开螺旋槽，纵波传到螺旋槽处发生反射，将纵振一部分转化为扭振，在输出端产生纵扭振动，这种原理实现起来很简单，但是存在扭振分量小、频率难以简并且没有考虑刀具的安装、法兰盘的固定、ER 夹头/螺母的装夹情况对频率的影响等问题。针对目前超声纵扭振动辅助钻削加工装置存在的问题，现基于模态退化原理对装置进行设计 [41,50]。超声纵扭振动辅助钻削加工装置结构组成示意图如图 5.22 所示。

模态退化原理是指在纵向振动的基础上加上螺旋槽使得纵振部分转化为扭振，在输出端实现纵扭振动。根据需求选定装置的工作频率及装置的各部分组成材料，基于纵振波动方程和边界条件求解出纵振频率方程，设计一定谐振频率下的压电换能器和变幅杆。由于目前尚无螺旋槽式变幅杆设计计算的准确方法，螺旋槽各参数对变幅杆纵扭振型的影响无法用理论进行分析，且刀具与装置、装置与机床的连接结构也无法用理论进行计算，因此建立超声纵扭振动辅助钻削加工装置模型，运用 ANSYS 软件对装置进行分析与优化。经

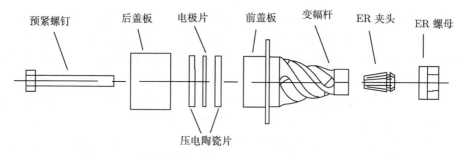

图 5.22　超声纵扭振动辅助钻削加工装置结构组成示意图

参数优选后，建立模型并导入 ANSYS 软件中进行应力应变分析和模态分析。超声纵扭振动辅助钻削加工装置的应变、应力图如图 5.23 所示，纵扭振动时的模态分析图如图 5.24 所示。越靠近刀尖处，既有轴向振动的位移分量又有切向振动的位移分量，可以认为已经达到了纵扭谐振频率简并，此时与振动系统的目标谐振频率相差 9.8%，且位移为 0 的面在法兰盘处，满足设计要求。

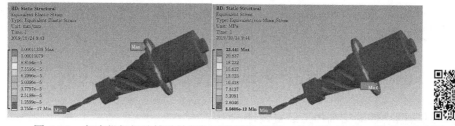

图 5.23　超声纵扭振动辅助钻削加工装置的应变、应力图（扫描二维码可见彩图）

图 5.24　纵扭振动时的模态分析图（扫描二维码可见彩图）

螺旋槽结构是超声纵扭振动辅助钻削加工装置产生扭转振动的最重要的结构，首先，采用球头铣刀铣出螺旋槽，并对装置进行表面处理；其次，每个零件之间的接触面加工需要保证光滑平整，应对接触面进行研磨，以达到接近镜面的效果：一是为了防止粗糙度的影响造成能量的损失，二是防止压电陶瓷片受力不均匀而被压碎。法兰盘处的接触面除了光滑平整，还应有高的垂直度，使得装置轴心与机床主轴在同一条线上。图 5.25 为超声纵扭振动辅助钻削加工装置实物图。

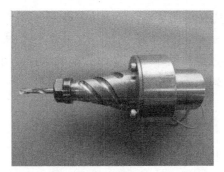

图 5.25 超声纵扭振动辅助钻削加工装置实物图

5.6.2 超声纵扭振动辅助钻削加工装置性能测试

为了将超声纵扭振动辅助钻削加工装置应用到实际中，搭建了由装有超声纵扭振动辅助钻削加工装置的机床工作台、PZD350A 型电压放大器、MicroSense 电容式微位移传感器、NI-USB-6361X 数据采集卡、安捷伦 4294A 阻抗分析仪和计算机组成的性能测试系统，测试系统如图 5.26 所示，对装置进行阻抗特性测试、频率响应测试、电压测试，从而获得装置的输出性能[41]。实验仪器性能参数如表 5.4 所示。

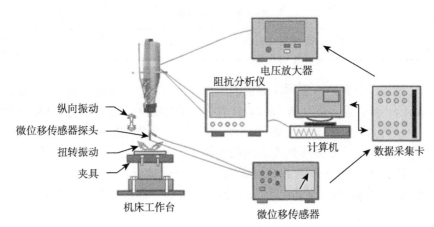

图 5.26 测试系统

表 5.4 实验仪器性能参数

仪器	性能参数	数值
PZD350A 型电压放大器	输出电压范围	双极: 0～ ±350V
	输入阻抗	90kΩ(同相)、1MΩ(反相)
MicroSense 电容式微位移传感器	测量量程	±50μm
	分辨率	2.2nm
	带宽	20kHz
安捷伦 4294A 阻抗分析仪	工作频率	40Hz～110MHz，1mHz 分辨率
	基本阻抗精度	±0.08%
	范围	3mΩ ～500MΩ
NI-USB-6361X 数据采集卡	输入通道	8 BNC
	输出通道	2 BNC
	最高速度	$2 \times 10^6 \mathrm{s}^{-1}$

使用安捷伦 4294A 阻抗分析仪对装置的阻抗特性进行测试，得到了装置的对数坐标图及谐振频率 f_s、等效电阻 R_1、动态电容 C_1、静态电容 C_0、电感 L_1、机械品质因数 Q_m 及有效机电耦合系数 k_e 等性能参数。对数坐标图如图 5.27 所示，对应的测试频率范围为 $18.5 \sim 20.5$ kHz，性能参数如表 5.5 所示。

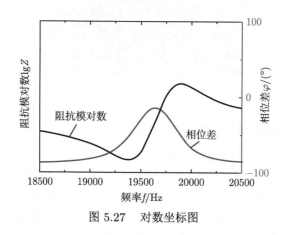

图 5.27　对数坐标图

表 5.5　性能参数

f_s/kHz	R_1/kΩ	C_1/pF	C_0/nF	L_1/mH
19.415	1.33541	208	4.86672	596.242

由表 5.5 可知，装置的谐振频率对应的谐振点为串联谐振频率，因此测得的装置谐振频率为 19415Hz，与有限元仿真值 18031Hz 存在一定的偏差，偏差值为 7.1%。产生偏差的主要原因：一是仿真过程中没有考虑预紧力对装置谐振频率的影响；二是仿真模型的各个接触面均为理想接触，而实际接触面之间的接触更为复杂。阻抗实验测试数据说明该装置的性能良好，能在 19415Hz 附近长期稳定地工作，满足实际工程应用的要求。

图 5.28 是超声纵扭振动辅助钻削加工装置钻头某一点沿轴向、切向两个方向上的位

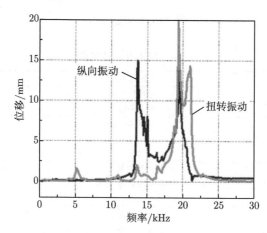

图 5.28　超声纵扭振动辅助钻削加工装置钻头某一点沿轴向、切向两个方向上的位移和频率的关系图

移和频率的关系图。图中曲线极值点处所对应的横坐标为该振动的谐振频率。由图 5.28 可以看出,在 13700Hz 下,纵向振动和扭转振动曲线均达到极值点,但是纵向振动的振幅为 14.96μm,扭转振动的振幅为 1.82μm,结合有限元分析得出,在此频率下主要是纵向振动模态;在 21000Hz 下,扭转振动曲线达到了极值点,此时纵向振动的振幅为 1.137μm,扭转振动的振幅为 14.3μm,结合有限元分析可以近似看成,在此频率下主要为扭转振动模态;在 19400Hz 下,纵向振动曲线和扭转振动曲线均为极值点,且振幅都比其他频率下大,具体振幅大小如表 5.6 所示,与阻抗实验中测得的谐振频率 19415Hz,误差仅有 0.08%。之所以选择该频率作为钻削碳纤维复合材料的激励频率,主要是因为在此频率下为纵扭复合模态,频率的振幅变化范围比较大,且复合材料板碳纤维直径尺寸约为 8μm,可以达到有效切断纤维的要求。

表 5.6 共振频率下实验测量的振幅

项目	频率/Hz	纵向振幅/μm	切向振幅/μm
实验数据	19400	18.03	18.01

5.6.3 复合材料超声纵扭振动辅助钻削加工实验

结合超声纵扭振动辅助钻削加工装置,在数控机床(FADAL VMC-8030HT,美国)上构建复合材料超声纵扭振动辅助钻削加工系统,对碳纤维复合材料开展实验加工。整个加工系统主要由数控机床、电压放大器、数据采集卡、压电式三向动态测力仪、超声纵扭振动辅助钻削加工装置和控制软件组成,钻削加工实验图如图 5.29 所示。FADAL VMC-8030HT 数控机床的加工中心主轴转速功率为 16.8kW、主轴最高转速为 10000r/min。加工系统首先由计算机的 LabVIEW 控制软件将信号输出到数据采集卡中,并控制电压放大器的电压信号,电压放大器将低压信号转换成高压信号施加于超声纵扭振动辅助钻削加工装置的压电陶瓷片上,压电陶瓷片输出的位移经变幅杆放大后传到刀尖处。在连接方式上,超声纵扭振动辅助钻削加工装置通过套筒与机床连接,电压信号通过导电滑环控制刀尖处的输出位移,压电式三向动态测力仪固定在工作台上,该测力仪可以测量 xyz 三个方向的切削力,在本实验中主要测量工件所受的轴向(进给方向)力,碳纤维复合材料由夹具夹持在测力仪上。待工件加工完成后,可用显微镜对工件的缺陷进行观察。

图 5.29 钻削加工实验图

实验采用的碳纤维复合材料型号为 T700S，$0°/90°/45°/-45°$ 铺层，复合材料样板尺寸为 180mm×100mm×5mm，总计 25 层。

为了验证纵扭振动的优势及测试超声纵扭振动辅助钻削加工装置的适应性，本书的钻削刀具采用普通的硬质合金麻花钻，具体型号尺寸见表 5.7。在进行钻削加工实验时，选用合适的主轴转速、进给速度及振动加工参数进行加工。

表 5.7　刀具具体型号尺寸

型号	顶角/(°)	长度/mm	直径/mm	刃长/mm
YG12	118	66	6	28

实验选用的机床参数和振动参数分别见表 5.8、表 5.9。实验一共分为两个部分：第一部分为传统钻削和超声纵扭振动辅助钻削的对比实验，通过改变机床参数分析主轴转速和进给速度对钻孔质量的影响，以及传统钻削和超声纵扭振动辅助钻削下的孔壁、出口形貌特性，并用 KISTLER-9129A 压电式三向动态测力仪采集轴向力信号，选取其中一组参数作为第二部分的机床参数；第二部分研究在相同的机床参数下，不同的振幅对钻孔质量的影响。

表 5.8　实验选用的机床参数

机床参数	主轴转速/(r/min)	进给速度/(mm/r)
数值	2000、3000、4000	0.01、0.02、0.03

表 5.9　实验选用的振动参数

频率/kHz	纵向振动振幅/μm	扭转振动振幅/μm
	2.52	2.49
	5.13	5
19.4	7.6	7.43
	10.09	10.08
	12.55	12.73
	15.3	15.28
	18.03	18.01

5.6.4　复合材料超声纵扭振动辅助钻削加工中的切削力分析

为了分析轴向力信号和钻孔不同阶段之间，以及传统钻削和超声纵扭振动辅助钻削中的轴向力信号之间的关系，本节在主轴转速、进给速度不变的情况下，采用同一规格刀具进行对比实验。轴向力信号相对钻孔时间可以分为五个阶段，由式 (5.29) 表示。图 5.30 为轴向力曲线图，其中的参数取值：$n = 2000\text{r/min}$，$f = 0.03\text{mm/r}$。

$$T = T_1 + T_2 + T_3 + T_4 + T_5 \tag{5.29}$$

在碳纤维复合材料钻孔实验中，传统钻削和超声纵扭振动辅助钻削的轴向力曲线均可分为五个阶段。T 为总钻孔时间；T_1 为钻头与碳纤维复合材料之间没有接触的预钻孔时间；

T_2 为钻头的主切削刃逐渐钻入碳纤维复合材料中的时间，此时轴向力不断增大；T_3 为钻头完全进入碳纤维复合材料板、达到平稳阶段的时间，此过程的时间是最大的有效钻削时间，但是轴向力略微减小，可能是因为碳纤维复合材料存在缩孔现象，因此孔壁给钻头施加了一个向上的轴向力，使得合力下降；T_4 为钻头逐渐钻出碳纤维复合材料板的时间，轴向力逐渐减小；T_5 为钻头完全钻穿碳纤维复合材料的时间。

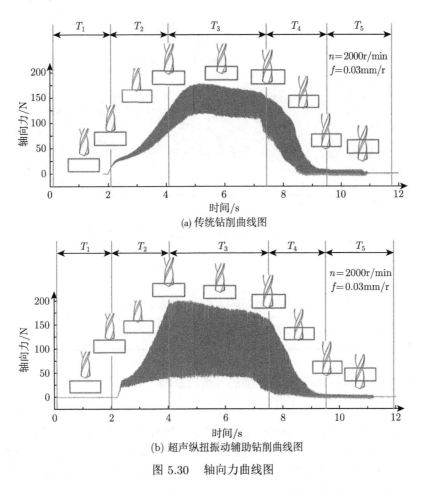

图 5.30　轴向力曲线图

　　钻削稳定阶段轴向力曲线图，如图 5.31 所示。与传统钻削相比，超声纵扭振动辅助钻削的轴向力的波峰-波谷值更加振荡，主要是因为在超声纵扭振动辅助钻削过程中，力由于钻头和复合材料板之间的间歇周期性破坏，以及钻头旋转时钻削刃与复合材料板的纤维角度动态变化而振荡；而在传统钻削过程中，消除了钻头与复合材料板高频振动带来的周期性干扰，因此轴向力的波峰-波谷值要相对平稳。实验表明，传统钻削和超声纵扭振动辅助钻削在钻削稳定阶段中的平均轴向力分别为 146.6N 和 112N，如表 5.10 所示，传统钻削平均轴向力比超声纵扭振动辅助钻削平均轴向力高出 30.9%，但是超声纵扭振动辅助钻削所获得的最大瞬时钻削力值要比传统钻削高。

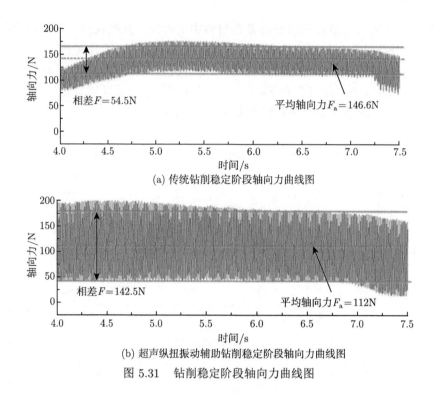

(a) 传统钻削稳定阶段轴向力曲线图

(b) 超声纵扭振动辅助钻削稳定阶段轴向力曲线图

图 5.31　钻削稳定阶段轴向力曲线图

表 5.10　传统钻削与超声纵扭振动辅助钻削平均轴向力对比

传统钻削平均轴向力	超声纵扭振动辅助钻削平均轴向力	误差率
146.6N	112N	30.9%

5.6.5　复合材料超声纵扭振动辅助钻削的孔出口缺陷

孔的出口缺陷主要包括出口分层、毛刺。分层是钻削碳纤维增强树脂基复合材料时主要的缺陷，形成原因主要是，当钻头横刃接触复合材料未钻削部分时，极易使得钻削部分和未钻削部分产生分离现象，因此产生分层损伤，分层会降低结构完整性，导致装配过程中的公差较差，增加了性能下降的可能性。毛刺形成的主要原因是，钻头钻削刃不够锋利，不能使孔出口处的碳纤维被切断。

通过二维分层因子法对孔的出口分层进行评判，分层损伤示意图如图 5.32 所示。A_{del} 为分层损伤区域面积，为图中红色线包括的区域，A_{nom} 为孔的标准面积，由 VHX-S50 超景深三维显微镜测得，该显微镜如图 5.33 所示，其性能参数见表 5.11。二维分层因子 F_{T} 可以表示为

$$F_{T} = \frac{A_{del}}{A_{nom}} \tag{5.30}$$

传统钻削加工时的孔出口缺陷如图 5.34 所示。从图中可以看出，当主轴转速为 2000r/min、进给速度为 0.03mm/r 时，孔出口缺陷最为严重，呈现出严重的毛刺和烧伤的基体现象，从而导致出口严重分层。而在主轴转速为 4000r/min、进给速度为 0.01mm/r

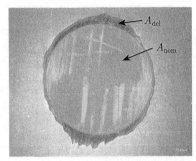

图 5.32 分层损伤示意图（扫描二维码可见彩图）

图 5.33 VHX-S50 超景深三维显微镜

表 5.11 VHX-S50 超景深三维显微镜性能参数

放大倍率	超景深/mm	工作距离/mm	CCD	像素	载物台	照明系统
20~200	34~0.44	4.4	1/1.8 英寸①	211 万，1600×1200	200mm×190mm	12V/100W

时，孔的出口处存在少量的毛刺和撕裂现象，质量比较好。可以得出：随着进给速度的提高，加工出的孔出口缺陷越来越严重；随着主轴转速的提高，加工出的孔出口质量相应地在提高。这主要是因为进给速度的提高使得对切屑形成的抵抗力增加，随着钻头不断进给直到钻出复合材料时，未钻削的厚度逐渐变小，复合材料所能承受的层间结合力不断减小，进给速度不断提高会使轴向力不断增大，轴向力大于层间结合力时会发生分层现象，轴向力越大，分层现象越严重；而主轴转速的提高更有利于碳纤维的切断，孔的出口质量得到提高。

　　超声纵扭振动辅助钻削加工时的孔出口缺陷如图 5.35 所示。与传统钻削制孔一样，孔的出口质量随着进给速度的增加而下降，但是随着主轴转速的增加无明显的变化，原因可能是，随着主轴转速的增加，纵扭振动的运动轨迹越趋向于纵向振动的运动轨迹，此时最大瞬时速度和最大瞬时加速度均减小，进而使冲击作用效果不明显。主轴转速为 4000r/min、进给速度为 0.01mm/r 时，孔出口处基本无毛刺、烧伤现象；主轴转速为 2000r/min、进给速度为 0.03mm/r 时，孔出口处仅有少量的未切割纤维残留物，以及轻微的烧伤和分层

---

① 1 英寸 =2.54cm。

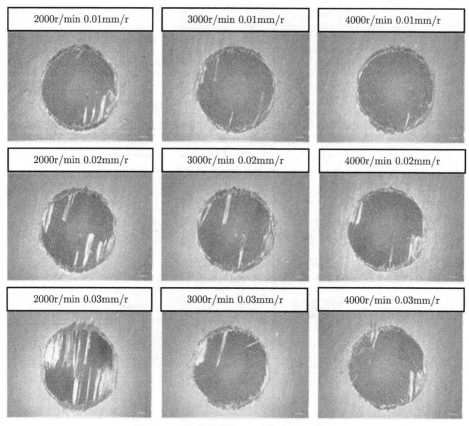

2000r/min 0.01mm/r	3000r/min 0.01mm/r	4000r/min 0.01mm/r
2000r/min 0.02mm/r	3000r/min 0.02mm/r	4000r/min 0.02mm/r
2000r/min 0.03mm/r	3000r/min 0.03mm/r	4000r/min 0.03mm/r

图 5.34　传统钻削加工时的孔出口缺陷

现象，相对于传统钻削，超声纵扭振动辅助钻削的整体效果要好很多。在超声纵扭振助钻削过程中基本上没有未切割纤维残留物，主要是因为椭圆振动使得钻头表面的相对加速度显著改善，传统钻削中的相对加速度保持恒定，而超声纵扭振动辅助钻削的加速度是周期性变化的，可以更有效地提高材料的去除率。烧伤现象要轻微许多，首先是由于超声纵扭振动辅助钻削中钻削刃的断续钻削作用，在钻孔过程中可以减少热量的产生，使得温度降低；其次是超声纵扭振动辅助钻削的正弦形状钻削轨迹可以促进切屑从钻削区域中弹出，带走大量热量，与此同时，还可以减小刀具侧面与切屑之间的摩擦热。

　　表 5.12 和表 5.13 分别为超声纵扭振动辅助钻削加工和传统钻削加工的轴向力和分层因子对比。从表 5.13 可以看出，与传统钻削加工相比，超声纵扭振动辅助钻削加工的孔的分层因子普遍较低，这主要是因为在钻头钻出复合材料阶段，纵扭振动的加速特性使得钻头与复合材料之间的相对速度增加，大幅度降低了钻削力。结合图 5.34 和图 5.35 进行比较，进给速度对复合材料分层影响最大，当进给速度达到某一临界值后会发生明显的分层现象。表 5.14 为超声纵扭振动辅助钻削加工相比传统钻削加工分层因子减小的百分数。在高主轴转速、低进给速度下，超声纵扭振动辅助钻削的效果不是很明显；在低主轴转速、高进给速度下，相对于传统钻削，超声纵扭振动辅助钻削能使分层现象降低 18% 以上。

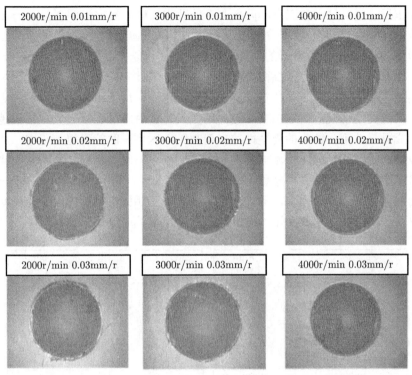

图 5.35 超声纵扭振动辅助钻削加工时的孔出口缺陷

表 5.12 超声纵扭振动辅助钻削加工和传统钻削加工的轴向力对比

项目	传统钻削			超声纵扭振动辅助钻削		
主轴转速/(r/min)	进给速度/(mm/r)					
	0.01	0.02	0.03	0.01	0.02	0.03
2000	110~120N	≥120N	≥120N	≤100N	110~120N	110~120N
3000	110~120N	110~120N	≥120N	≤100N	≤100N	100~110N
4000	≤100N	110~120N	≥120N	≤100N	≤100N	100~110N

表 5.13 超声纵扭振动辅助钻削加工和传统钻削加工的分层因子对比

项目	传统钻削			超声纵扭振动辅助钻削		
主轴转速/(r/min)	进给速度/(mm/r)					
	0.01	0.02	0.03	0.01	0.02	0.03
2000	1.15~1.5	≥1.5	≥1.5	1~1.14	1.14~1.15	1.15~1.5
3000	1.15~1.5	1.15~1.5	≥1.5	1~1.14	1.14~1.15	1.14~1.15
4000	1~1.14	1.15~1.5	1.15~1.5	1~1.14	1~1.14	1~1.14

表 5.14 超声纵扭振动辅助钻削加工相比传统钻削加工分层因子减小的百分数

项目	分层因子减小的百分数		
主轴转速/(r/min)	进给速度/(mm/r)		
	0.01	0.02	0.03
2000	5%~18%	≥18%	≥18%
3000	5%~18%	5%~18%	≥18%
4000	≤5%	5%~18%	5%~18%

超声纵扭振动辅助钻削加工在不同振幅下的孔出口缺陷对比如图 5.36 所示。通过施加不同的电压，使得孔的振幅以步长 2.5μm 进行增加，机床加工参数：主轴转速为 2000r/min，进给速度为 0.03mm/r。随着振幅的增加，孔的出口质量越来越好。在钻孔期间，因为纤维的破坏程度比基体的破坏程度要高两个数量级，因此基体首先达到破坏程度而被钻削，而纤维未达到破坏程度。在超声纵扭振动辅助钻削加工中，增大振幅会使得毛刺更容易切断和减少孔出口处的烧伤现象，这主要是因为钻头具有的瞬时加速度越大，钻头越能够在极短时间内完成微量钻削，钻头的周期性冲击使得钻入区域瞬时能量更加集中，从而使得纤维更容易被切断。与此同时，随着振幅的增大，钻削刃与复合材料之间频繁分离的空间增大，导致相对摩擦时间缩短和摩擦系数降低，减小了热量，减少了孔出口处基体烧伤现象。随着振幅的增大，分层因子增大，但是与传统钻削加工相比，超声纵扭振动辅助钻削加工的分层现象要轻微很多，这说明振动的引入有效地抑制了出口处分层的产生。

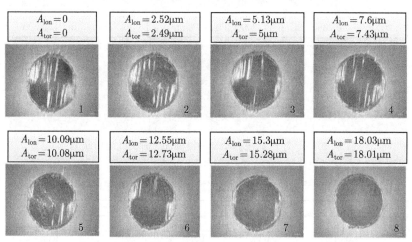

图 5.36　超声纵扭振动辅助钻削加工在不同振幅下的孔出口缺陷对比

此外，随着振幅均匀增大，相对于孔 5～孔 8 的出口质量，孔 1～孔 4 的变化趋势较缓慢，造成这种现象的原因可能是负载的作用使得振幅有一定程度的衰减。

5.7　复合材料超声振动辅助钻削加工技术发展趋势

随着近些年航空航天、军工、医疗等领域对于高精度加工复合材料结构件的需求不断增加，超声振动辅助钻削越来越广泛地应用于复合材料的加工，这对于超声振动辅助钻削加工复合材料的基础理论研究及加工设备的稳定性和精确性，都提出了新要求。

目前，国内外学者现有针对超声振动辅助钻削加工装置的研究，主要集中在超声振动辅助钻削加工装置开发、材料去除机理研究、加工工艺优化、刀具设计理论研究等方面，相关研究已取得很大进展，并形成了典型复合材料高效、低损伤加工的整体解决方案。但是，仍然存在新型超声振动辅助钻削加工装置设计研制不成熟、复合材料超声振动辅助钻削加工机理研究不完善等问题。在复合材料超声振动辅助钻削加工研究中还存在如下一些问题：

（1）基础理论研究仍需完善。基础理论是加工技术和生产实践发展及完善的指导，目前对于复合材料钻削加工过程中的断裂机理及超声振动作用对纤维钻削过程的影响，已经有较为全面的总结，不同纤维方向角及其他加工参数下的加工表面形貌和切削力等指标，均可依据模型进行一定程度上的结果预测，此外还可进行加工参数优化。超声振动的加入使得原本的纤维钻削机理发生相应的改变，纤维变得更易被切断，因而可以获得更优的表面质量。但是，现阶段的理论模型依旧存在很多问题，大量的简化理论模型可近似地预测和反映出加工过程，但精度还有很大的提升空间。有限元仿真作为一种重要的数值分析法，在复合材料加工领域的应用也日趋成熟，针对不同结构复合材料的有限元分析方法的研究成了研究热点，这将是未来的发展趋势。此外，在一些微细结构的加工中，对于超声能量的输出提出了精确的要求，超声能量的精确控制与超声波发生器功率、系统振动状态和加载工况等条件的关系，也将是未来重要的研究方向。

（2）复合材料的加工工艺仍需探索。传统的钻削加工工艺在加工芳纶纤维复合材料这类高延伸率增强体复合材料时，表现出较差的可适应性，工艺参数设置稍有不当，便可能引起极为严重的加工缺陷。超声振动的加入可在一定范围内有效改善复合材料的可加工性，在制孔、轮廓铣削、磨削等加工方式下，均能有效提高加工质量。

（3）复合材料超声振动辅助钻削加工的专用设备及系统尚不够成熟。多数机床是在原有设备的基础上对主轴或工件装夹平台进行改装，加入模块化的超声振动系统而形成的，机床系统的可靠性和长期运行的稳定性还有待验证。航空航天等高端制造领域对功能强大、性能稳定的超声振动辅助加工系统有着较大的需求量。

思 考 题

5.1 超声振动辅助加工工艺的特点是什么？

5.2 基于碳纤维复合材料的特性，说明采用超声振动辅助加工工艺加工复合材料的理由。

5.3 简述超声振动辅助加工系统的组成与应用。

第 6 章　复合材料超声振动辅助钻削仿真

6.1　复合材料仿真建模方法

与传统各向同性金属材料相比,复合材料的有限元建模与仿真更具挑战性,需要综合考虑纤维、树脂的力/热传递本构模型等。目前有关复合材料的钻削过程仿真与分析已有大量的研究,复合材料有限元建模的方法大体可以分为三大类:微观机械模型、宏观机械模型和微宏观机械模型[1]。微观机械模型考虑的材料尺度范围大致处于一个纤维直径（$5 \sim 7\mu m$）内,可以较准确地模拟和预测纤维在切削力作用下的挤压、弯曲、剪切与断裂等模式;宏观机械模型将复合材料整体看成等效均质材料,并同时考虑其与纤维方向角相关的各向异性,可以提高有限元仿真的效率;微宏观机械模型对刀具切削区的材料进行微观化处理,而对远离切削区的材料进行宏观化处理。以上三类建模方法在实际的有限元仿真与分析中都有广泛的应用。

为了从微观上探究超声振动的引入对复合材料切削过程的影响,本章介绍了基于宏观机械模型的碳纤维增强树脂基复合材料超声振动辅助钻削过程仿真,编写了适用于碳纤维增强树脂基复合材料的本构模型软件,建立了黏性层单元模型,在刀具边界条件中加入振动运动,构建了超声振动辅助碳纤维增强树脂基复合材料的钻削加工仿真过程模型,并对不同振动情况下的仿真结果进行了对比分析。

6.2　有限元分析方法

有限元的概念早在几个世纪前就已产生并得到了应用,例如,用多边形（有限个直线单元）逼近圆来求得圆的周长,但作为一种方法而被提出,则是最近的事。有限元分析方法最初被称为矩阵近似方法,应用于航空器的结构强度计算,并由于其方便性、实用性和有效性而引起从事力学研究的科学家的浓厚兴趣。经过短短数十年的努力,随着计算机技术的快速发展和普及,有限元分析方法迅速从结构工程强度分析计算扩展到几乎所有的科学技术领域,成为一种丰富多彩、应用广泛并且实用高效的数值分析方法。

有限元分析（finite element analysis,FEA）,也称为有限单元法（finite element method,FEM）,是求解场问题数值解的一种方法。场问题是指对一个或多个变量的空间分布进行求解,例如,钣金件装配过程中的位移和应力分布、切削加工过程中工件的温度分布等。在数学上,场问题由微分方程或者积分表达式描述,难以直接进行解析求解,有限元分析采用分块逼近和总体合成的思想,使得可以求解微分方程或者积分表达式。

有限元分析是用较简单的问题代替复杂问题后再求解,它将求解域看成由许多称为有限元的、小的互连子域组成,对每一个单元假定一个合适的（较简单的）近似解,然后推导求解这个域总的满足条件（如结构的平衡条件）,从而得到问题的解。这个解不是准确解,而是近似解,因为实际问题被较简单的问题所代替。由于大多数实际问题难以得到准确解,而有限元分析不仅计算精度高,而且能适应各种复杂形状,因而成为行之有效的工程分析手段。

与其他数值方法相比,有限元分析方法的优点主要如下所述。

(1)可以应用于几乎大部分的场问题:应力分析、热传导等;

(2)对产品的几何形状没有限制:自由曲面、实体均可;

(3)对边界条件和载荷没有限制:可以加载在任何部位;

(4)材料性质不限于各向同性,可以从一个单元到另一个单元间变化甚至在单元内也可以不同;

(5)具有不同行为和不同数学描述的分量可以结合起来,一个模型可以包含不同的网格单元;

(6)通过网格细分可以改善解的逼近程度。

有限元分析可分成三个阶段:前置处理、计算求解和后置处理。前置处理是指进行问题分析,确定单元类型、边界条件、载荷分布等,根据精度和计算量折中确定网格密度,完成单元网格划分,建立有限元模型;计算求解是指进行单元分析、形成总体方程、求解方程组;后置处理则是指采集处理分析结果,使用户能简便地提取信息,了解计算结果。

6.3 有限元分析过程的基本原理与建模准则

6.3.1 基本原理

有限元分析方法最早于 20 世纪 50 年代应用在飞机结构各组成杆件的受力分析和变形仿真中,随着有限元理论的深入研究和日益完善,有限元分析方法逐渐成为一种解决力学问题的有效手段,其基本原理是将一个完整的物体或者系统离散成有限个单元,通过定义后者之间的相对关系来模拟或者逼近前者。从计算求解的机理来看,有限元分析方法可以分为以下几部分。

(1)对结构进行离散。将整个结构分割成若干个单元,单元间彼此通过节点相连,离散化过程主要是指针对问题,将求解域按照其维度等要求进行单元划分,常用的一维、二维和三维有限元网格单元如图 6.1 所示。Abaqus 软件中常用的三维结构化网格类型为 C3D8R,即线性八节点六面体减缩积分单元。

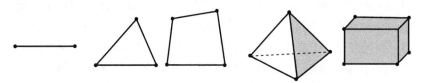

图 6.1 常用的一维、二维和三维有限元网格单元

(2)建立单元刚度矩阵。根据虚位移原理或最小势能原理,写出单元节点力与单元节点位移之间的转移矩阵,得到单元平衡方程 $\{F\}^e = [K]^e\{u\}^e$。

（3）组装总体刚度矩阵。根据得到的单个单元的刚度矩阵及其节点编号，组装出整体的刚度矩阵，获得总体平衡方程 $\{F\} = [K]\{u\}$。

（4）给出边界条件，对一些节点进行固定支撑或者给出位移量。

（5）求解总体平衡方程。由平衡方程计算出各单元节点的位移量，通过应变与位移之间关系的几何方程及应力与应变之间关系的物理方程可进一步获得各单元节点的应力和应变。

（6）计算场空间内各点的应力和应变。选择合适的形函数，插值各单元内部点的应力和应变。

6.3.2　建模准则

在复合材料超声振动辅助钻削过程仿真中，首先需要建立一定的准则以确保仿真结果的准确性，这样的准则包括：

（1）平衡条件——钻削工件和其分割的任一单元在节点处都需要满足静力平衡。

（2）应变连续——单元在变形过程中的应变应连续变化而不能有突变。

（3）力学关系——复合材料变形中应力-应变关系应遵循一定的本构关系。

（4）网格划分——钻削系统为一个高度非线性系统，网格的大小和类型对结果有着相当大的影响，因此选择合适的网格也很重要。

（5）边界条件——区别于传统钻削，超声振动辅助钻削加工需要在刀具端施加一定的振动载荷，如何模拟这一加载对结果起着决定性作用。

根据上述基本流程和相关准则可总结出建立复合材料超声振动辅助钻削加工的一般过程，如图 6.2 所示。首先针对实际问题进行抽象分析并建立几何模型，其次需对模型中不同的组成部分选择相应的网格类型并划分网格，再次需定义不同部分的材料、边界接触，最后引入振动得到正确的有限元模型[51]。

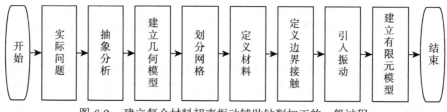

图 6.2　建立复合材料超声振动辅助钻削加工的一般过程

本章采用商用有限元软件 Abaqus 对复合材料超声振动辅助钻削加工过程进行仿真分析。使用 Abaqus 软件对钻削加工这种非线性问题进行分析时，通常只需要给出一些诸如几何结构、材料性能参数、边界载荷等工程数据，其本身可以处理包含不同材料、复杂的机械载荷或者热载荷及变接触的非线性问题。在求解钻削加工这种瞬态与动力非线性的过程中，软件将问题分解为连续的时间变化载荷增量，在每一个分析步骤中进行平衡迭代。在此过程中，Abaqus 软件会根据相关设置自动选择合适的载荷增量与收敛速度，从而保证仿真结果的准确性。

6.4 碳纤维增强树脂基复合材料的失效形式、本构模型及相关建模

材料的本构模型，也称为应力-应变模型，是指描述材料的力学特性（应力-应变-强度-时间关系）的数学表达式。材料的应力-应变关系很复杂，具有非线性、黏弹塑性、剪胀性、各向异性等特点，同时应力水平、应力历史，以及材料的组成、状态、结构等均对其有影响。材料的本构模型是否正确关系到仿真结果是否精确。

6.4.1 碳纤维增强树脂基复合材料的失效形式

材料失效是指材料由于受力变形等原因失去原有功能的现象，碳纤维增强树脂基复合材料由于其基体、纤维相的不同性质，失效过程复杂，且表现为渐进失效。碳纤维增强树脂基复合材料层合板钻削失效是一个复杂的渐进过程[51]，损伤在加载初期就会发生，并会随着载荷的增加而不断累积直至整个层合板失去承载能力进而失效。碳纤维增强树脂基复合材料层合板的失效形式有以下两种。

1）层内失效

碳纤维增强树脂基复合材料层合板每层由碳纤维增强体和环氧树脂基体构成，在加工过程中表现为一种高脆性材料，而在有限元分析中一般将其理想化为一种单向不均匀材料。层合板在钻削过程中共经历挤压、滑移、挤裂与分离四个阶段，可细分为纤维拉伸断裂、压缩断裂，基体拉伸断裂、压缩断裂四种失效形式，材料单元在到达失效临界点后会分离并被去除。层内失效形式如图 6.3 所示。

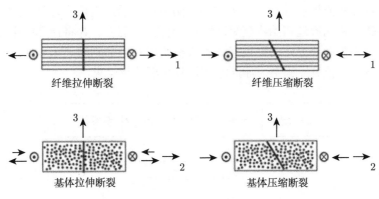

图 6.3 层内失效形式

1、2、3 表示方向

2）层间失效

碳纤维增强树脂基复合材料层合板的层与层之间采用树脂连接，连接强度低，而在钻削过程中钻头对材料的轴向力和剪切力极易导致层间剥离产生分层失效，特别是在入口和出口处分层现象极为明显。

6.4.2　碳纤维增强树脂基复合材料的本构模型

本构模型主要分为三个阶段：线弹性阶段、损伤起始阶段和损伤演化阶段，材料的本构曲线如图 6.4 所示。

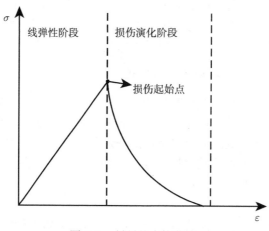

图 6.4　材料的本构曲线

在钻削仿真过程中，需要建立材料内部各点的应力状态、应变状态在不同阶段时的对应关系，即材料参数、载荷和边界条件与结构的形变和应力分布的准确表达。材料的本构模型对于仿真结果有决定性的影响，在对复合材料进行有限元仿真时，主要采用损伤力学模型来研究复合材料的损伤过程，分析过程如图 6.5 所示，包括应力分析、失效分析、性能退化三个步骤。首先通过初始刚度矩阵和应变计算出应力，并将计算结果带入失效准则中判断，若某一失效条件成立，则根据该失效模式所对应的刚度退化方式对刚度矩阵进行折减，并代入下一步计算过程中，如此循环往复直至计算结束。

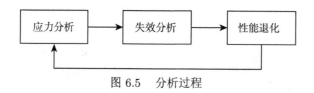

图 6.5　分析过程

碳纤维增强树脂基复合材料损伤模型是钻削过程有限元仿真建模的基础，不同于单一均质材料具有的单裂纹自相扩展，复合材料在损伤过程中包含着大量微观裂纹和宏观裂纹，并伴随着纤维的折断、纤维-基体界面脱黏与基体之间的分层等。早在 20 世纪后半叶，美国 Reifsnider 教授便提出了复合材料损伤概念[52,53]，并用强度失效理论进行了损伤判定。早期，类比材料力学的强度理论得到了最大应力和最大应变准则，即材料主轴上任一应力（应变）分量达到其极限拉伸强度或者压缩强度时，损伤便会发生。这两个准则将应力（应变）分量都单独考虑，尽管表达方式简单，但是精度却无法保证。后来提出的 Tsai-Hill 强度准则则定义了应力分量之间内在的联系，该准则基本符合碳纤维增强树脂基复合材料的属性，且其理论值与实验值基本符合。其理论的局限性在于将拉伸强度和压缩强度视为相当，只能判定材料失效的发生，而不能准确地判断出是压缩失效还是拉伸失效。二维 Hashin 准则只考虑平面内的应力应变关系而忽略了厚度方向的应力应变；而三维 Hashin 准则尽管在纤维损伤失效判断上比较理想，但是在基体失效判断上不尽如人意。因此，本书基于现有的三维 Hashin 纤维失效判断准则，并结合 Puck 基体失效判断准则，对纤维拉伸、纤维压缩、基体拉伸和基体压缩等失效分别建立数学模型。

当纤维拉伸 $\sigma_{11} > 0$ 时，有

$$(F_{\text{ft}})^2 = \left(\frac{\sigma_{11}}{X_{1\text{t}}}\right)^2 + \alpha\left(\frac{\tau_{12}}{S_{12}}\right)^2 + \beta\left(\frac{\tau_{13}}{S_{13}}\right)^2 \tag{6.1}$$

当纤维压缩 $\sigma_{11} < 0$ 时，有

$$(F_{\text{fc}})^2 = \left(\frac{\sigma_{11}}{X_{1\text{c}}}\right)^2 \tag{6.2}$$

当基体拉伸 $\sigma_{22} + \sigma_{33} > 0$ 时，有

$$F_{\text{mt}} = \left[\left(\frac{\sigma_{11}}{2X_{1\text{t}}}\right)^2 + \frac{\sigma_{22}^2}{|X_{2\text{t}}X_{2\text{c}}|} + \left(\frac{\tau_{12}}{S_{12}}\right)^2\right] + \sigma_{22}\left(\frac{1}{X_{2\text{t}}} + \frac{1}{X_{2\text{c}}}\right) \tag{6.3}$$

当基体压缩 $\sigma_{22} + \sigma_{33} < 0$ 时，有

$$F_{\text{mc}} = \left[\left(\frac{\sigma_{11}}{2X_{1\text{t}}}\right)^2 + \frac{\sigma_{22}^2}{|X_{2\text{t}}X_{2\text{c}}|} + \left(\frac{\tau_{12}}{S_{12}}\right)^2\right] + \sigma_{22}\left(\frac{1}{X_{2\text{t}}} + \frac{1}{X_{2\text{c}}}\right) \tag{6.4}$$

式中，σ_{11}、σ_{22} 和 σ_{33} 为层合板有效应力张量 σ 的分量；F_{ft}、F_{fc}、F_{mt}、F_{mc} 分别为纤维拉伸和压缩、基体拉伸和压缩失效；$X_{1\text{t}}$、$X_{1\text{c}}$、$X_{2\text{t}}$、$X_{2\text{c}}$ 分别为沿 1 方向（纤维方向）的极限拉伸和压缩失效应力及 2 方向的极限拉伸和压缩失效应力；S_{12} 为 1—2 平面的极限剪切应力。

当材料出现损伤时，结构承载能力会发生变化，在宏观上表现为刚度的退化，在微观上体现为局部的软化 [4]，而软化过程伴随着能量的释放，其值的大小取决于有限元模型的网格尺寸。因此，有限元分析计算时的网格对复合材料的损伤演化过程有相当大的影响。使用等价位移法，引入有限元特征长度这一概念，可以减小计算结果对网格尺寸的依赖性。图 6.6 为典型的拉伸状态下的线性退化模式，将单位面积内裂纹扩展所需要的能量 G_{c} 作为特定的材料参数，单元失效应变 $\varepsilon_{\text{f},i}^{\text{t}}$ 与应变能量释放率临界值 $G_{i,\text{c}}^{\text{t}}$ 的关系式可以表述为

$$\varepsilon_{\text{f},i}^{\text{t}} = 2G_{i,\text{c}}^{\text{t}}/(\sigma_{\text{t}}l) \tag{6.5}$$

式中，l 为单元的特征长度，可通过 Abaqus 软件中内嵌的 char_length 函数近似求得特征长度。

针对纤维拉伸和压缩、基体拉伸和压缩，损伤状态变量分别定义如下：

$$
\begin{cases}
F_{\mathrm{ft}} \geqslant 1, \ d_{\mathrm{ft}} = \dfrac{\varepsilon_{\mathrm{f},1}^{\mathrm{t}}}{\varepsilon_{\mathrm{f},1}^{\mathrm{t}} - \varepsilon_{0,1}^{\mathrm{t}}} \left(1 - \dfrac{\varepsilon_{0,1}^{\mathrm{t}}}{\varepsilon_{11}} \right) \\[3mm]
F_{\mathrm{fc}} \geqslant 1, \ d_{\mathrm{fc}} = \dfrac{\varepsilon_{\mathrm{f},1}^{\mathrm{c}}}{\varepsilon_{\mathrm{f},1}^{\mathrm{c}} - \varepsilon_{0,1}^{\mathrm{c}}} \left(1 - \dfrac{\varepsilon_{0,1}^{\mathrm{c}}}{\varepsilon_{11}} \right) \\[3mm]
F_{\mathrm{mt}} \geqslant 1, \ d_{\mathrm{mt}} = \dfrac{\varepsilon_{\mathrm{m},2}^{\mathrm{t}}}{\varepsilon_{\mathrm{m},2}^{\mathrm{t}} - \varepsilon_{0,2}^{\mathrm{t}}} \left(1 - \dfrac{\varepsilon_{0,2}^{\mathrm{t}}}{\varepsilon_{22}} \right) \\[3mm]
F_{\mathrm{mc}} \leqslant 1, \ d_{\mathrm{mc}} = \dfrac{\varepsilon_{\mathrm{m},2}^{\mathrm{c}}}{\varepsilon_{\mathrm{m},2}^{\mathrm{c}} - \varepsilon_{0,2}^{\mathrm{c}}} \left(1 - \dfrac{\varepsilon_{0,2}^{\mathrm{c}}}{\varepsilon_{22}} \right)
\end{cases}
\tag{6.6}
$$

式中，d_{ft}、d_{fc}、d_{mt}、d_{mc} 分别是纤维拉伸、压缩损伤变量和基体拉伸、压缩损伤变量；$\varepsilon_{0,1}^{\mathrm{t}}$、$\varepsilon_{0,1}^{\mathrm{c}}$、$\varepsilon_{0,2}^{\mathrm{t}}$ 和 $\varepsilon_{0,2}^{\mathrm{c}}$ 分别是纤维拉伸、压缩初始损伤应变和基体拉伸、压缩初始损伤应变；ε_{11} 和 ε_{22} 为主应变。

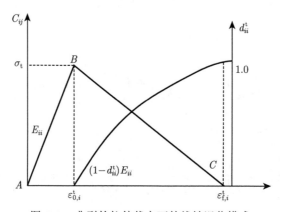

图 6.6　典型的拉伸状态下的线性退化模式

对于损伤变量，其值从开始增长（损伤起始）到达到 1.0（材料彻底失效），其变化曲线如图 6.7 所示。

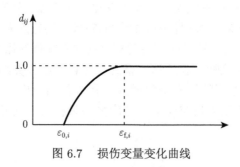

图 6.7　损伤变量变化曲线

定义损伤变量之后，需要对材料的刚度矩阵进行折减，原始刚度矩阵 C 和折减之后的刚度矩阵 $\hat{C}$ 的关系如下：

$$
\hat{C} = MC
\tag{6.7}
$$

M 为刚度折减矩阵，其表达式如下：

$$M = \begin{bmatrix} d_\mathrm{f} & d_\mathrm{m} & d_\mathrm{m} & & & \\ & d_\mathrm{m} & d_\mathrm{m} & & & \\ & & d_\mathrm{m} & & & \\ & & & d_\mathrm{s} & & \\ \text{symmetry} & & & & d_\mathrm{s} & \\ & & & & & d_\mathrm{s} \end{bmatrix} \tag{6.8}$$

式中，d_f 为纤维状态因子；d_m 为基体状态因子；d_s 为面内剪切状态因子。

纤维状态因子、基体状态因子和面内剪切状态因子可表示为

$$\begin{cases} d_\mathrm{f} = (1 - d_\mathrm{ft}) \times (1 - d_\mathrm{fc}) \\ d_\mathrm{m} = d_\mathrm{f} \times (1 - d_\mathrm{mt}) \times (1 - d_\mathrm{mc}) \\ d_\mathrm{s} = d_\mathrm{f} \times (1 - S_\mathrm{mt} \times d_\mathrm{mt}) \times (1 - S_\mathrm{mc} \times d_\mathrm{mc}) \end{cases} \tag{6.9}$$

6.4.3 黏性层单元力学建模

本构模型只能对层内失效进行定义，而碳纤维增强树脂基复合材料在钻削过程中还存在分层现象，因此需要在层和层之间加入黏性层单元来进行层间失效仿真。事实上，黏性层单元可以理解为准二维单元，黏性层单元模型如图 6.8 所示。单元分为上、下表面（与其他实体单元相连，传递力和位移）和中间面（模拟厚度方向上的开裂），在损伤过程中只考虑面外的法向正应力及切向方向上的两个剪切力。

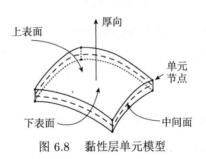

图 6.8　黏性层单元模型

在定义黏性层本构模型时，采用了一种基于 Traction-Separation 的双线性模型[5]，分为达到强度极限前的线弹性阶段和达到强度极限后的刚度线性软化阶段，黏性层单元力学模型如图 6.9 所示。黏性层单元的刚度对应于图中的线弹性阶段，材料断裂能量释放率对应于折线与坐标轴构成的三角形面积。

在线弹性阶段，黏性层单元的应力应变关系可以表示为

$$\begin{Bmatrix} t_\mathrm{n} \\ t_\mathrm{s} \\ t_\mathrm{t} \end{Bmatrix} = \begin{bmatrix} K_\mathrm{nn} & & \\ & K_\mathrm{ss} & \\ & & K_\mathrm{tt} \end{bmatrix} \begin{Bmatrix} \varepsilon_\mathrm{n} \\ \varepsilon_\mathrm{s} \\ \varepsilon_\mathrm{t} \end{Bmatrix} \tag{6.10}$$

式中，t_n、t_s 与 t_t 分别为黏性层单元在法线方向与两个剪切方向上的名义张力；ε_n、ε_s 与 ε_t 为对应方向上的名义应变；K_{nn}、K_{ss} 与 K_{tt} 分别为法线方向与两个剪切方向上的弹性模量。

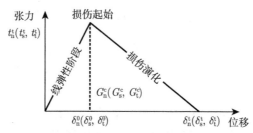

图 6.9   黏性层单元力学模型

这里采用二次名义应力准则来定义黏性层单元损伤起始点，当二次函数的和值达到 1 时，认为黏性层单元开始发生损伤，如式 (6.11) 所述，其中 t_n^t、t_s^t 和 t_t^t 分别代表在法线方向与两个剪切方向上的名义应力极限值。

$$\left\{\frac{\langle t_n\rangle}{t_n^0}\right\}^2 + \left\{\frac{t_s}{t_s^0}\right\}^2 + \left\{\frac{t_t}{t_t^0}\right\}^2 = 1 \tag{6.11}$$

损伤一旦发生，黏性层材料进入线性折减阶段，本书采用的是基于能量的损伤演化规律，公式如下：

$$D = \left[\frac{G_n}{G_n^c}\right]^2 + \left[\frac{G_s}{G_s^c}\right]^2 + \left[\frac{G_t}{G_t^c}\right]^2 \tag{6.12}$$

式中，G_n、G_s 与 G_t 分别指正向和两个切向的瞬时能量；G_n^c、G_s^c 和 G_t^c 分别指完全破坏时每个能量分量对应的临界值；D 是黏性层单元损伤因子，当达到 1 时单元完全失效而被删除，在 Abaqus 软件中用无量纲系数 sdeg 表示黏性层单元的退化程度。

6.5   碳纤维复合材料超声振动辅助钻削加工过程仿真

6.5.1   刀具与工件模型建立

图 6.10 为麻花钻尺寸图，直径为 6mm，顶角为 118°，螺旋角为 21°，尺寸表见表 6.1。采用 SolidWorks 软件绘制刀具的三维模型，为了节约计算资源、缩短时间，只取钻头部分保存为 Sat 格式导入 Abaqus 软件中，为有限元网格划分和材料属性提供相应载体，Abaqus 软件导入模型如图 6.11 所示。

碳纤维增强树脂基复合材料工件的形状比较简单，可以直接在 Abaqus 软件中建模，但是由于钻削过程是一个高度非线性化的过程，伴随着巨大的计算量，为了简化问题、降低计算难度、缩短仿真时间，在满足钻削模拟过程要求的前提下尽可能减小工件平板的尺寸，可参考相关文献 [2,6,7]。本书所采用的工件尺寸为 10mm×10mm×2mm，共分为 8 层，每层厚度为 0.25mm。

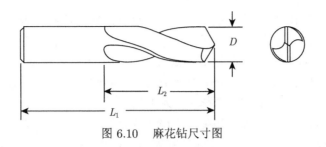

图 6.10 麻花钻尺寸图

表 6.1 麻花钻尺寸表

直径/mm	L_1/mm	L_2/mm
6.00	66	28

图 6.11 Abaqus 软件导入模型

建立工件后还需将其分割出 7 组小厚度层来进行黏性层的定义，具体操作：先通过平面偏移构建出 7 组基准平面，再采用分割命令切割出 7 组小厚度层。对于高度变形区域，还需要进一步分割出几组同心圆，为后面的细化网格做准备。

6.5.2 网格划分

在钻削有限元模型中，工件表面与刀具的前刀面、后刀面之间有很大的相对运动，且刀具本身还有一个比较大的旋转运动，若网格质量过差，在仿真过程中会出现畸变现象，严重时还会导致迭代中断、仿真终止，因此网格类型的选择和划分是有限元仿真中比较重要的一个环节，网格的好坏直接影响仿真分析的准确性。

对于工件网格质量的提高，可以从网格密度和网格类型两个方面进行设置。网格密度指工件上的网格数量，这对仿真的计算时间和结果精度有着相当大的影响，网格密度越大，单元体积上的网格单元越多，计算结果也越精确，但过于精细的网格也会大大占用计算机资源，延长计算时间。网格密度的选择是计算资源和计算精度平衡的一个过程，在低变形区域，应力、应变变化较为平缓，这一区域的网格密度可以低一些；而在工件与刀具接触的区域，即大变形区域，应力、应变变化剧烈，此时应增加此区域的网格密度以增加计算量，提高仿真结果的准确性。此外，相对于工件网格，刀具网格要稀疏一些，这是由于在钻削过程中，刀具是接触对中的主动面，相对于工件的从动面网格，网格密度要小一点。采用 Abaqus 软件自带的网格检测功能对网格密度进行选取并检测，确保所划分网格没有警告和错误信息。在低变形区域，工件网格尺寸设置为 0.4mm；在大变形区域，工件网格尺寸设置为 0.13mm，刀具网格尺寸为 0.25mm。

采用 YG16 硬质合金刀具，其杨氏模量在 400~500GPa，将刀具设定为离散刚体，网格类型为 R3D4。作为可变形体，选择 C3D8R 对工件进行网格划分，该单元可以实现以较小的计算代价来获得较高的计算精度。值得注意的是，为了后续黏性层网格单元的定义，需要在划分工件网格时采用 Sweep 方式并利用 Assign Stack Direction 定义厚度方向。图 6.12 为有限元网格模型。

图 6.12　有限元网格模型

定义好工件网格后，还需将其转化为孤立网格文件，并采用节点偏移法对小厚度层的上、下节点进行移动，形成重合节点，这些重合节点组成的零厚度面即黏性层网格，将其赋予 COH3D8 网格类型，整个工件网格模型的组成图如图 6.13 所示。

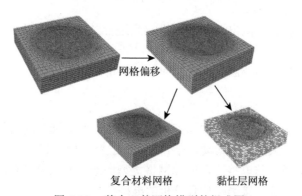

网格偏移

复合材料网格　　　黏性层网格

图 6.13　整个工件网格模型的组成图

6.5.3　材料定义

由于 Abaqus 软件中没有定义三维复合材料模型，因此在实际仿真中需要借助用户自定义子程序（VUMAT）来创建复合材料三维实体模型，通过在程序中定义材料的初始刚度矩阵、损伤判据与损伤演化，并结合合适的模型，可以保证仿真结果的准确性，子程序的调用机制如图 6.14 所示。碳纤维增强树脂基复合材料工件采用均质化方式赋予材料属性，并通过定义材料方向表征碳纤维方向，材料方向定义如图 6.15 所示。关于黏性层则采用普通方式赋予材料属性。黏性层材料属性和碳纤维增强树脂基复合材料属性表见表 6.2 和表 6.3。

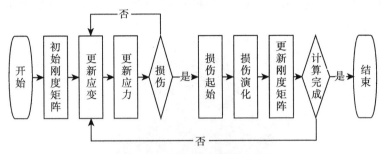

图 6.14 子程序的调用机制

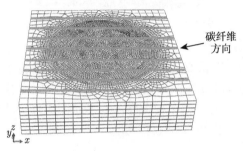

图 6.15 材料方向定义

表 6.2 黏性层材料属性表

t_n^t	t_s^t	t_t^t	K_{nn}	K_{ss}	K_{tt}	G_n^c	G_s^c	G_t^c
60MPa	90MPa	90MPa	8.3GPa	8.3GPa	8.3GPa	0.2N/mm	1N/mm	1N/mm

表 6.3 碳纤维增强树脂基复合材料属性表

E_{11}	$E_{22}E_{33}$	$\nu_{12}\nu_{13}$	ν_{23}	$G_{12}G_{13}$	G_{23}
124GPa	9.4Pa	0.34	0.55	3.4GPa	1.9GPa
ρ	X_{1t}	X_{1c}	X_{2t}、X_{3t}	X_{2c}、X_{3c}	S_{12}、S_{23}、S_{31}
1580kg/m^3	1870MPa	1026MPa	45MPa	156MPa	87MPa

6.5.4 接触、载荷与振动定义

本次仿真所采用的接触和摩擦系数取决于实际钻削过程中的实验参数,如进给速度、主轴转速、刀具形状和工件表面质量等。刀具与碳纤维增强树脂基复合材料层合板之间的接触通过 Abaqus 软件中自带的通用接触算法进行定义。摩擦系数 μ 选取为 0.3。在钻削过程中共有两个接触域,分别为刀具前刀面与工件切屑的接触和刀具后刀面与已加工表面的接触,这两个接触域的摩擦类型均为库仑摩擦,公式为

$$\tau_n = \mu\sigma_n \tag{6.13}$$

式中，τ_n 为摩擦应力；μ 为摩擦系数；σ_n 为法向应力。

对碳纤维增强树脂基复合材料工件进行载荷定义时，为了防止工件在与刀具接触后发生移动和偏移，需要对工件的六个自由度都附加固定约束，复合材料有限元仿真加载图如图 6.16 所示。

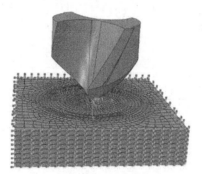

图 6.16　复合材料有限元仿真加载图

对于刀具载荷的定义，在仿真过程中需要定义其绕 z 轴旋转和在 x、y、z 轴上的振动，为了定义方便，需先在刀具轴线方向上设置一参考点 RP-1，并通过固结命令将刀具实体与参考点合并为一个刚体，此时只需要对此参考点 RP-1 进行运动边界的约束便可以实现对刀具整体的加载，刀具运动约束如图 6.17 所示。

图 6.17　刀具运动约束

6.5.5　仿真实验设计

采用单因素分析法设计仿真实验，本节首先定义普通钻削的加工参数，普通钻削刀具载荷加载表如表 6.4 所示。A 组固定刀具转速为 2000r/min、进给速度分别为 20mm/min、40mm/min 和 60mm/min；B 组固定进给速度为 60mm/min，刀具转速分别为 2000r/min、3000r/min 和 4000r/min。

为了验证碳纤维增强树脂基复合材料有限元模型的准确性，本书进行了相同参数的实验并与仿真进行对比。当验证完普通钻削有限元模型的准确性后，选择 2000r/min、60mm/min

表 6.4 普通钻削刀具载荷加载表

分组	转速/（r/min）	进给速度/（mm/min）
A	2000	20、40、60
B	2000、3000、4000	60

的加工参数，并在此基础上给刀具施加振动位移。在 Abaqus 软件中采用傅里叶级数定义周期变化载荷，因此需选择 periodic 定义振动载荷。由于板材厚度的限制，无法实现变维振动辅助钻削的仿真，因此本书只对一维轴向振动辅助钻削、二维椭圆振动辅助钻削和三维复合振动辅助钻削进行仿真，振动参数见表 6.5。

表 6.5 振动参数

方案	轴向振动	径向 1 振动	径向 2 振动
一维轴向振动	20.7kHz/11μm	—	—
二维椭圆振动	—	5.18kHz/13μm	5.18kHz/12μm
三维复合振动	20.7kHz/12μm	5.18kHz/8μm	5.18kHz/11μm

6.6 仿真结果分析

6.6.1 有限元仿真模型的验证

为了验证碳纤维增强树脂基复合材料有限元模型的准确性，进行了相同加工参数的实验，并与仿真结果进行对比。图 6.18 为刀具转速为 2000r/min、进给速度为 60mm/min 的轴向力的变化趋势图，从图中可以看出，仿真与实验的轴向力的变化趋势基本一致，随着进给速度不断加大，刀具与工件的接触面积不断增加，轴向力呈现一个上升的趋势并在钻削部分完全进入工件内时达到最大值，此后便一直下降直至零；但在钻入期间略有不同，原因可能是在实验入钻过程中碳纤维增强树脂基复合材料板发生了一定的振动，导致实际钻削过程中轴向力的波动较为剧烈。图 6.19 为不同进给速度、刀具转速下的轴向力。图 6.19（a）表明轴向力随着进给速度的增加而增加，且仿真值与实验值之差在 7.96%～

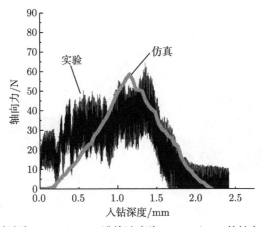

图 6.18 刀具转速为 2000r/min、进给速度为 60mm/min 的轴向力的变化趋势图

10.4%。图 6.19（b）表明轴向力随着刀具转速的增大而减小，且仿真值与实验值相比误差范围在 7.51%～10.4%。仿真误差在可接受的范围内，造成这一现象的原因是在实际加工过程中切屑会堵塞刀具，降低了钻削刃的锋利程度从而提高了轴向力。图 6.20 为普通钻削不同阶段的应力云图，可以看出，在入钻与出钻处有明显的分层现象，这也与碳纤维增强树脂基复合材料的实际钻削过程相似。

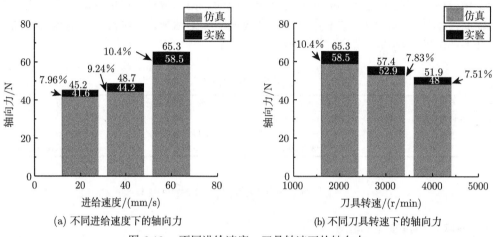

(a) 不同进给速度下的轴向力　　　　　　(b) 不同刀具转速下的轴向力

图 6.19　不同进给速度、刀具转速下的轴向力

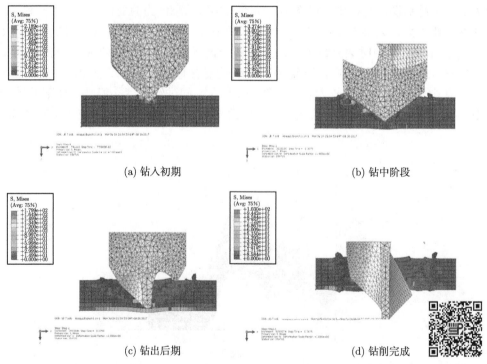

(a) 钻入初期　　　(b) 钻中阶段　　　(c) 钻出后期　　　(d) 钻削完成

图 6.20　普通钻削不同阶段的应力云图（扫描二维码可见彩图）

6.6.2 轴向力对比

图 6.21 为传统钻削与超声振动辅助钻削的轴向力对比图，相较于传统钻削，采用一维振动、二维振动和三维振动情况下的轴向力分别减小了 27.9%、25.8%和 32.1%。这表明，相较于传统钻削，超声振动辅助钻削可以明显地降低轴向力，这是由于振动的引入会导致刀具在与工件接触时产生摩擦力反向的情况。与此同时，采用三维振动辅助钻削加工的轴向力最小，而其他振动辅助钻削加工的轴向力基本相同，原因是采用三维振动辅助钻削加工时，刀具在轴向与两个径向上均有振动，这改善了两者的接触形式，而一维振动和二维振动辅助钻削加工仅在某一方向上具有这样的效果。

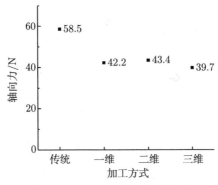

图 6.21 传统钻削与超声振动辅助钻削的轴向力对比图

6.6.3 分层对比

定义孔的缺陷因子 $F = (D_{max} - D)/D$，其中 D_{max} 为孔壁最大缺陷处的直径尺寸，D 为加工刀具尺寸，本书中为 6mm。表 6.6 为碳纤维增强树脂基复合材料孔出入口的缺陷因子表。

表 6.6　碳纤维增强树脂基复合材料孔出入口的缺陷因子表

加工方式	传统	一维振动	二维振动	三维振动
入口缺陷因子	0.35	0.16	0.25	0.21
出口缺陷因子	0.4	0.24	0.13	0.19

相比于传统的钻削工艺，采用振动辅助钻削对入口缺陷有着良好的改善作用；相较于传统钻削的入口缺陷因子，采用不同的振动形式，缺陷因子分别降低了 54.3%、28.6%和 40%，其中一维轴向振动方式改善得尤为明显，其次是三维，最后是二维。造成这一现象的原因是轴向振动的引入降低了刀具横刃对材料的吸附作用，而径向振动没有这一效果。

在出口部分，采用二维振动辅助钻削加工的出口缺陷因子最小，然后依次是三维振动辅助钻削加工、一维振动辅助钻削加工和传统钻削加工，三者分别降低了 40%、67.5%和 52.5%。这是由于径向上的振动使得刀具在与孔壁附近的材料接触时有一个撞击作用，使得这一部分的材料更容易被去除，而一维振动不具备这一功能，因此改善效果不大。

思　考　题

6.1 有限元分析的基本步骤是什么？

6.2 阐述网格对有限元分析结果的影响。

6.3 复合材料的本构关系是如何定义的？

参 考 文 献

[1] 辛志杰. 先进复合材料加工技术与实例 [M]. 北京：化学工业出版社, 2016.

[2] 沃丁柱, 李顺林, 王兴业, 等. 复合材料大全 [M]. 北京：化学工业出版社, 2000.

[3] 陈华辉, 刘瑞平, 汪长安. 复合材料 [M]. 北京：北京大学出版社, 2021.

[4] 倪陈兵, 朱立达, 宁晋生, 等. 超声振动辅助铣削钛合金铣削力信号及切屑特征研究 [J]. 机械工程学报, 2019, 55(7): 207-216.

[5] Shamoto E, Moriwaki T. Study on elliptical vibration cutting[J]. CIRP Annals, 1994, 43(1): 35-38.

[6] 曹凤国. 超声加工 [M]. 北京：化学工业出版社, 2014.

[7] 肖继明. 现代加工技术 [M]. 北京：电子工业出版社, 2018.

[8] 林书玉. 超声换能器的原理及设计 [M]. 北京：科学出版社, 2004.

[9] 唐军. 多维复合超声振动系统设计及加工特性研究 [M]. 北京：电子科技大学出版社, 2019.

[10] 卢明. 碳纤维复合材料变维振动辅助钻削系统研究和开发 [D]. 南京：南京航空航天大学, 2018.

[11] 保罗·戴维姆. 复合材料加工技术 [M]. 安庆龙, 陈明, 宦海祥, 译. 北京：国防工业出版社, 2016.

[12] 陈明, 徐锦泱, 安庆龙. 碳纤维复合材料与叠层结构切削加工理论及应用技术 [M]. 上海：上海科学技术出版社, 2019.

[13] Ferreira J R, Coppini N L, Miranda G W A. Machining optimisation in carbon fibre reinforced composite materials[J]. Journal of Materials Processing Technology, 1999, 92-93(1): 135-140.

[14] 王昌赢, 文亮, 明伟伟, 等. 碳纤维增强复合材料铣削加工技术研究进展 [J]. 航空制造技术, 2015, (14): 76-80.

[15] 刘洋, 李鹏南, 陈明, 等. 两种钻头高速钻削碳纤维复合材料时的钻削力与钻削温度对比 [J]. 机械工程材料, 2015, (11): 36-40.

[16] 张伟, 张林波, 杨继新, 等. 钻削碳纤维复合材料用钻尖刃型分析 [J]. 航空制造工程, 1997, (5): 26-27.

[17] Fernandes M, Cook C. Drilling of carbon composites using a one shot drill bit. Part I: Five stage representation of drilling and factors affecting maximum force and torque[J]. International Journal of Machine Tools and Manufacture, 2006, 46(1): 70-75.

[18] 陈明, 邱坤贤, 秦声, 等. 高强度碳纤维增强复合材料层合板的钻削制孔过程及其缺陷形成分析 [J]. 南京航空航天大学学报, 2014, (5): 667-674.

[19] Koplev A, Lystrup A, Vorm T. The cutting process, chips, and cutting forces in machining CFRP[J]. Composites, 1983, 14(4): 371-376.

[20] Wang D H, Ramulu M, Arola D. Orthogonal cutting mechanisms of graphite/epoxy composite. Part I: Unidirectional laminate[J]. International Journal of Machine Tools and Manufacture, 1995, 35(12): 1623-1638.

[21] 郑雷, 袁军堂, 汪振华. 纤维增强复合材料磨削钻孔的表面微观研究 [J]. 兵工学报, 2008, 12(12): 1492-1496.

[22] 李桂玉. 叠层复合材料钻削加工缺陷产生机理及工艺参数优化 [D]. 济南：山东大学, 2011.

[23] Hocheng H. Machining Technology for Composite Materials: Principles and Practice[M]. Philadelphia: Woodhead Publishing, 2012.

[24] Wern C W, Ramulu M. Influence of fibre on the cutting stress state in machining idealized glass fibre composite[J]. The Journal of Strain Analysis for Engineering Design, 1997, 32(1): 19-27.

[25] 张厚江, 陈五一, 陈鼎昌. 碳纤维复合材料切削机理的研究 [J]. 航空制造技术, 2004, （7）: 57-59.

[26] 张厚江. 单向碳纤维复合材料直角自由切削力的研究 [J]. 航空学报, 2005, （5）: 604-609.

[27] 赵建设. 碳纤维复合材料钻削温度测试与分析 [J]. 宇航材料工艺, 2000, （5）: 49-52.

[28] 保罗·戴维姆. 复合材料制孔技术 [M]. 陈明, 安庆龙, 明伟伟, 译. 北京: 国防工业出版社, 2013.

[29] 吴健, 韩荣第, 王明海, 等. 现代机械加工新技术 [M]. 北京: 电子工业出版社, 2017.

[30] 赵玉涛, 陈刚. 金属基复合材料 [M]. 北京: 机械工业出版社, 2019.

[31] 刘国兴. 复合材料/钛合金装配制孔用 PCD 刀具的研制 [D]. 大连: 大连理工大学, 2009.

[32] 郑伟. 几种复合材料制孔的若干试验研究 [D]. 大连: 大连理工大学, 2007.

[33] 高航, 孙超, 王焱. 复合材料超声辅助螺旋铣削试验研究 [J]. 航空制造技术, 2016, (3): 16-20.

[34] 鲍永杰, 高航, 董波, 等. C/E 复合材料 "以磨代钻" 制孔工艺 [J]. 宇航材料工艺, 2010, (4): 47-49.

[35] 王文杰. C/E 复合材料 "以磨代铣" 试验研究 [D]. 大连: 大连理工大学, 2010.

[36] 隈部淳一郎. 精密加工振动切削 (基础与应用)[M]. 韩一昆, 薛万夫, 孙祥根, 等译. 北京: 机械工业出版社, 1985.

[37] Sanda A, Arriola I, Navas V G, et al. Ultrasonically assisted drilling of carbon fibre reinforced plastics and Ti6A14V[J]. Journal of Manufacturing Processes, 2016, 22(6): 169-176.

[38] Makhdum F, Phadnis V A, Roy A, et al. Effect of ultrasonically-assisted drilling on carbon-fibre-reinforced plastics[J]. Journal of Sound and Vibration, 2014, 333(23): 5939-5952.

[39] Gupta A, Ascroft H, Barnes S. Effect of chisel edge in ultrasonic assisted drilling of carbon fibre reinforced plastics (CFRP)[J]. Procedia CIRP, 2016, 46(17): 619-622.

[40] Dahnel A, Ascroft H, Barnes S. The effect of varying cutting speeds on tool wear during conventional and ultrasonic assisted drilling (UAD) of carbon fibre composite (CFC) and titanium alloy stacks[J]. Procedia CIRP, 2016, 46(21): 420-423.

[41] 王晓雪. 碳纤维复合材料超声纵扭振动辅助钻削技术研究 [D]. 南京: 南京航空航天大学, 2020.

[42] 赵宏伟, 李自军, 张林波, 等. 多层复合材料微小孔振动钻削三参数优化 [J]. 吉林工业大学自然科学学报, 2000, 30(1): 31-34.

[43] 焦锋, 戚嘉亮, 王晓博, 等. CFRP 材料振动制孔研究进展 [J]. 宇航材料工艺, 2017,(3): 1-5.

[44] 张冬梅. 超声振动钻削复合材料的表面质量研究 [J]. 焦作大学学报, 2017,(2): 76-78.

[45] 王卫滨. 碳纤维复合材料超声振动辅助制孔数值模拟及实验研究 [D]. 南昌: 南昌航空大学, 2016.

[46] 张加波, 石文天, 刘汉良, 等. 碳纤维复合材料超声振动加工 [J]. 宇航材料工艺, 2014, (1): 122-126.

[47] Liu D F, Tang Y J, Cong W L. A review of mechanical drilling for composite laminates[J]. Composite Structures, 2012, 94(4): 1265-1279.

[48] Anand R S, Patra K. Mechanistic cutting force modelling for micro-drilling of CFRP composite laminates[J]. CIRP Journal of Manufacturing Science and Technology, 2017, 16: 55-63.

[49] Girot F, Dau F, Gutiérrez-Orrantia M E. New analytical model for delamination of CFRP during drilling[J]. Journal of Materials Processing Technology, 2017, 240: 332-343.

[50] 王生才. 叠层构件纵扭振动辅助变参数制孔技术研究 [D]. 南京: 南京航空航天大学, 2021.

[51] 张承承, 王建军. 基于刚度退化的复合材料结构损伤研究进展 [J]. 材料导报, 2016, 30(21): 8-13.

[52] Reifsnider K L. Some fundamental aspects of the fatigue and fracture response of composite materials[C]. Proceedings of Annual Meeting on Recent Advances in Engineering Science, Bethlehem, PA, 1977.

[53] 陈明, 明伟伟, 安庆龙. 民用飞机构件数控加工技术 [M]. 上海: 上海交通大学出版社, 2016.